Daniel Toledo Monfort

Aspectos económicos e energéticos a considerar na renovação de janelas

Daniel Toledo Monfort

Aspectos económicos e energéticos a considerar na renovação de janelas

Um estudo de caso num clima frio

ScienciaScripts

Imprint
Any brand names and product names mentioned in this book are subject to trademark, brand or patent protection and are trademarks or registered trademarks of their respective holders. The use of brand names, product names, common names, trade names, product descriptions etc. even without a particular marking in this work is in no way to be construed to mean that such names may be regarded as unrestricted in respect of trademark and brand protection legislation and could thus be used by anyone.

Cover image: www.ingimage.com

This book is a translation from the original published under ISBN 978-3-659-85393-7.

Publisher:
Sciencia Scripts
is a trademark of
Dodo Books Indian Ocean Ltd. and OmniScriptum S.R.L publishing group

120 High Road, East Finchley, London, N2 9ED, United Kingdom
Str. Armeneasca 28/1, office 1, Chisinau MD-2012, Republic of Moldova, Europe
Managing Directors: Ieva Konstantinova, Victoria Ursu
info@omniscriptum.com

Printed at: see last page
ISBN: 978-620-8-38936-9

Índice

Prefácio

Gostaria de expressar a minha mais profunda gratidão ao meu supervisor, Dr. Jan Akander, pela sua excelente orientação e dedicação ao longo deste tempo. Não só por fornecer conselhos e informações úteis, mas também por partilhar o seu vasto conhecimento com todas as dificuldades encontradas durante este tempo. Tenho de agradecer também ao Dr. Mathias Cehlin pelo seu apoio nas simulações CFD e nos cálculos IDA ICE. Além disso, gostaria também de agradecer à Emilia Mantyoja pela sua ajuda com a redação em inglês e pelo seu incessante apoio moral. Por último, mas não menos importante, gostaria de agradecer aos meus pais e avós por me terem ajudado economicamente e por me terem dado a oportunidade de estudar na Suécia e de adquirir todos os conhecimentos que me ajudam na minha investigação.

Esta tese não teria sido escrita sem todos eles.

Daniel Toledo Monfort

Resumo

Quando se pensa em renovar as janelas de edifícios antigos, o proprietário do edifício tem muitas decisões a tomar. Estas decisões consistem em manter a janela, mas torná-la mais eficiente do ponto de vista energético, acrescentando um vidro extra, ou mudar completamente toda a janela. Ao mesmo tempo, a junção entre o caixilho da janela e a parede cria uma ponte térmica que depende da quantidade de isolamento que foi colocado nas cavidades após a instalação. Se se decidir manter a janela, o estado desta junta manter-se-á inalterado. Esta tese trata de encontrar a melhor solução económica para uma empresa que tem apartamentos de aluguer em Gavle, na Suécia, a Gavlegardarna AB. Para calcular as pontes térmicas, que são zonas fracas da envolvente do edifício e que aumentam significativamente a carga energética das casas, é utilizado um programa CDF chamado Fluent para quantificar a perda de calor nas juntas. Foram efectuadas medições para validar o modelo CFD. Para simular a poupança de energia no edifício, é utilizado o programa de simulação energética de edifícios IDA-ICE. Finalmente, são efectuados cálculos de custo do ciclo de vida para avaliar a melhor opção económica a longo prazo. Conclui-se que a solução mais razoável é acrescentar um vidro extra na janela existente, mas não é a mais ecológica. Uma solução mais ecológica consiste em acrescentar o vidro suplementar e melhorar o isolamento nas juntas entre os caixilhos das janelas e as paredes, ou substituir a janela antiga por uma nova janela de baixo consumo de energia - no entanto, estas soluções não são rentáveis.

Introdução

1.1 Antecedentes

A União Europeia acordou objectivos climáticos: aumentar a eficiência energética em 20%, utilizar pelo menos 20% de energias renováveis do consumo total e reduzir as emissões de gases com efeito de estufa em 20% em 2020, em comparação com 1990 [1]. Além disso, segundo a Comissão Europeia, os edifícios são responsáveis por 40% do consumo de energia e 36% das emissões de C02 na UE [1]. Atualmente, cerca de 35% dos edifícios na UE têm mais de 50 anos e, enquanto os edifícios novos necessitam de menos de 5 litros de óleo de aquecimento por metro quadrado por ano, os edifícios mais antigos consomem, em média, cerca de 25 litros. Alguns edifícios chegam mesmo a necessitar de 60 litros [1].

Na Suécia, à semelhança da média europeia, os edifícios são responsáveis por 40% do consumo de energia. Além disso, devido ao clima frio, quase 60% da energia é utilizada para aquecimento de espaços e água quente sanitária [2]. Isto significa que cerca de 25% de toda a energia consumida na Suécia é utilizada para aquecer edifícios. Por conseguinte, a transferência de calor no sector da construção é considerada uma área em que existe uma grande possibilidade de reduzir o consumo de energia.

Uma das perdas de calor mais importantes na transferência de calor de um edifício ocorre nas janelas, pelo que, nos últimos anos, foram efectuados muitos estudos sobre as propriedades térmicas e ópticas do vidro e a sua influência nas perdas térmicas [3], [4] e [5]. Mas poucos estudos se centram nos caixilhos das janelas, que representam cerca de 20-30% da área total das janelas. Além disso, o seu impacto na transferência total de calor em toda a janela pode ser muito maior do que estes 20-30%, embora este efeito seja ainda maior quando o vidro da janela incorpora uma condutância muito baixa. [6] Por conseguinte, não é importante ter um vidro de baixa condutividade na janela se o caixilho estiver mal isolado.

Esta tese tem como objetivo melhorar o desempenho térmico das janelas em edifícios antigos, com o objetivo de reduzir o consumo de energia. A tese é sugerida por uma empresa sueca chamada Gavlegardarna, cujo objetivo é alugar apartamentos e casas em Gavle, na Suécia. O plano de negócios desta empresa afirma que trabalhará para atingir os objectivos estabelecidos no Programa Ambiental Estratégico do Município de Gavle, que tem ambições muito elevadas; Gavle será um dos melhores municípios ecológicos da Suécia [7]. Por conseguinte, a empresa está muito preocupada em remodelar edifícios antigos com o objetivo de os tornar mais eco-eficientes.

A empresa tem atualmente um problema no distrito de Sorby (em Kristinaplan). Estão a planear tornar alguns dos seus edifícios antigos mais eficientes, melhorando as janelas antigas. Para tal, é necessário retirar o caixilho móvel e substituir o vidro exterior por vidros duplos com revestimentos reflectores, para que a janela tenha um valor U inferior.

No entanto, há pessoas na organização que dizem que, em muitos casos, a junta entre a janela e a parede está mal isolada ou não está isolada de todo. Ambos os casos criariam uma ponte térmica. Assim, algumas pessoas da organização insistem que não vale a pena substituir os vidros se a junta da janela for má; em vez disso, preferem mudar toda a janela.

Esta tese investiga se esta afirmação é ou não verdadeira, se de facto pode ser considerada como a opção mais adequada para as necessidades da empresa. A empresa manifestou a sua preocupação de que a solução seja economicamente sensata a longo prazo. Outros factores que foram tidos em consideração são a quantidade de energia poupada, os custos ambientais e envolvidos e, finalmente, o conforto dos residentes.

1.2 Objetivo

A melhor solução para a empresa é estudada ao longo desta tese com quatro alternativas que são comparadas entre si, a fim de delinear os pontos fortes e fracos de cada uma. Estas quatro alternativas podem ser encontradas na Figura 1.

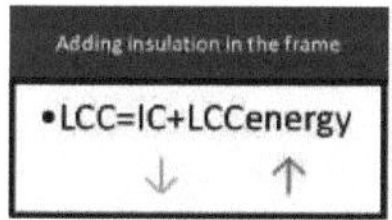

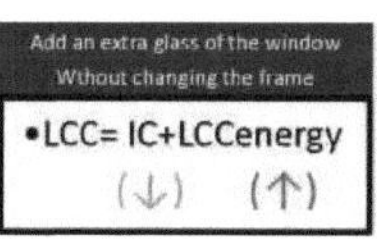

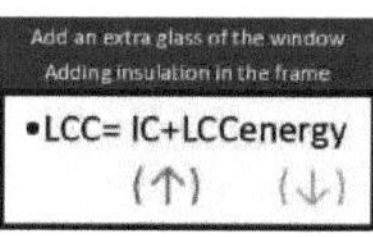

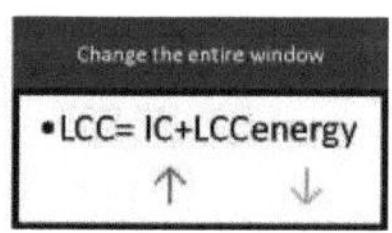

Figura 1: As três opções estudadas na tese e o custo do ciclo de vida (CCV) em termos de custo de investimento (CI) e de consumo de energia durante o restante ciclo de vida da janela (CCVenergia). A seta vermelha indica uma opção de custo elevado e a verde uma opção de baixo custo.

O objetivo do projeto é descobrir qual o Custo do Ciclo de Vida (CCV) destes três casos é o mais baixo. No primeiro caso, por exemplo, o Custo de Investimento (CI) seria mais baixo do que no segundo, terceiro e quarto casos; no entanto, sendo uma solução mais pobre, a poupança de energia seria menor, tornando a fatura energética (LCCenergia) mais cara do que nos outros casos. Assim, a questão que se coloca é se os custos adicionais do investimento podem ser motivados em comparação com a poupança de energia na junta.

1.3 Objetivo

O objetivo deste estudo é descobrir qual é a solução mais óptima e recomendada para

Gavlegardarna. Para o efeito, é também tida em consideração a quantidade de energia poupada e os custos ambientais e envolvidos.

TEORIA

Em primeiro lugar, neste capítulo, é feita uma breve descrição da forma como os caixilhos das janelas são construídos na Suécia. Em seguida, os dois principais domínios de engenharia de onde são retiradas as teorias para calcular as caraterísticas dos caixilhos das janelas são: a transferência de calor e a mecânica dos fluidos. Neste capítulo, são explicadas as teorias básicas e, posteriormente, as teorias mais específicas destes domínios que foram utilizadas para calcular os resultados.

2.1 JUNTAS DE JANELAS NOS PAÍSES NÓRDICOS

As juntas entre uma janela e uma parede são descritas neste capítulo, especialmente como é montada uma janela num país nórdico.

Quando a parede é construída, deixando o lugar vazio para a janela, os blocos de nivelamento (geralmente feitos de madeira) têm de ser aparafusados no fundo do buraco da parede. Se os blocos estiverem bem nivelados, a janela assentará quando estiver aberta. O passo seguinte é fixar o caixilho com parafusos de caixilho. Assim, a janela, como mostra a Figura 2, cria um espaço vazio entre a janela e a parede. [8]

FIGURE 2 PICTURE OF ASSEMBLING WINDOW AFTER TO SCROLL IT IN THE WALL

O terceiro passo, e o principal desta tese, é isolar esta junta vazia. Finalmente, o último passo é cobrir este isolamento com tiras de madeira. Na Figura 3 são demonstrados todos os passos.

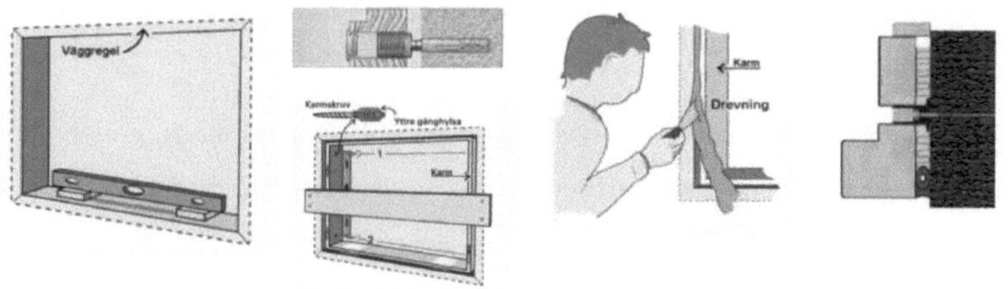

Figure 3 Steps of how to assemble a window [35] and [36]

O estudo nesta tese é sobre o grau de insolação desta cavidade e quais as consequências que tem nas perdas de energia térmica. Para estudar as perdas de energia desta cavidade, são estudados dois domínios principais da engenharia: a transferência de calor e a mecânica dos fluidos.

2.1 Transferência de calor

Para explicar a teoria da transferência de calor, a literatura [9], [10] e [11] foi sintetizada, retirando as partes mais importantes para a tese.

A transferência de calor é a parte do domínio da engenharia em que se estuda a troca de energia térmica. A transferência de calor altera a energia interna de ambos os sistemas envolvidos de acordo com a primeira lei da termodinâmica. Esta lei é a versão termodinâmica da lei da conservação da energia e diz: "A alteração da energia interna de um sistema é igual ao calor adicionado ao sistema menos o trabalho efectuado pelo sistema". Por outras palavras:

$$\Delta U = Q - W \quad [\mathrm{J}] \tag{1}$$

A transferência de calor ocorre normalmente de um objeto de alta temperatura para um objeto de baixa temperatura. Ou seja, quando um objeto quente é colocado num ambiente frio, arrefece porque o objeto perde energia interna, enquanto o ambiente ganha energia interna.

Os modos fundamentais de transferência de calor são:

- Condução
- Convecção
- Radiação

2.1.1 Condução

A transferência de calor por condução é uma agitação molecular dentro de um material sem qualquer movimento entre os objectos. Os mecanismos de condução são complexos, nos gases o fenómeno deve-se às colisões moleculares, nos cristais às vibrações da rede e nos metais ao fluxo de calor dos electrões livres.

No entanto, o comportamento microscópico é evitado no domínio da engenharia, preferindo-se utilizar leis fenomenológicas a um nível macroscópico. Estas leis fenomenológicas foram propostas por J.B. Fourier em 1822. A regra é explicada através do seguinte exemplo: fluxo de calor unidimensional através de uma parede plana. Na Figura 4 mostra-se uma parede plana com a sua superfície em x=0 mantida à temperatura T_1 e a superfície x=L em T_2. O fluxo de calor Q através da parede é positivo na direção x se $T_1 > T_2$

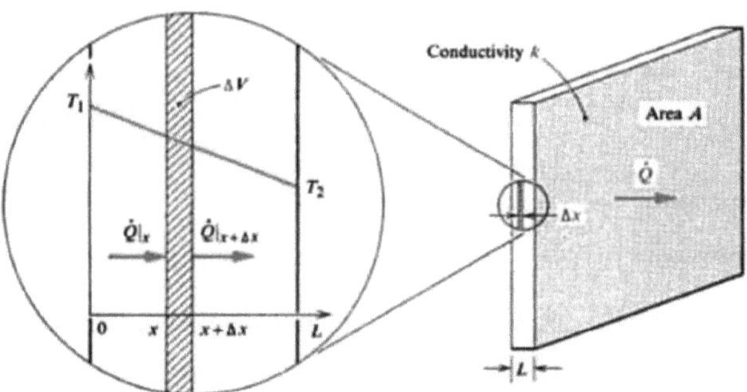

FIGURA 4 CONDUÇÃO UNIDIMENSIONAL ESTÁVEL ATRAVÉS DE UMA PAREDE PLANA, MOSTRANDO A APLICAÇÃO DO PRINCÍPIO DA CONSERVAÇÃO DA ENERGIA A UM VOLUME ELEMENTAR DE ΔX DE ESPESSURA [10].

A lei de Fourier da condução de calor estabelece que, numa substância homogénea, o fluxo de calor local é proporcional ao negativo do gradiente de temperatura local. Introduzindo uma constante de proporcionalidade *k*, a equação é:

$$\dot{q} = \frac{\dot{Q}}{A} = -k\frac{dT}{dx} \quad [W/m^2] \qquad (2)$$

Onde q é o fluxo de calor por unidade de área perpendicular à direção do fluxo [W/m^2], T é a temperatura local [K ou° C], x é a coordenada na direção do fluxo [m] e k é a condutividade térmica [W/mK]. Esta condutividade térmica depende do material em que o calor está a fluir.

Se a equação (2) for integrada e o k e o A forem constantes, a equação (3) pode ser escrita como:

$$\dot{Q} = \frac{T_1 - T_2}{L/kA} \quad [W] \qquad (3)$$

2.1.2 CONVECÇÃO

A transferência de calor por convecção é o termo utilizado para descrever a transferência de calor de uma superfície para um fluido em movimento. Este fluido em movimento pode ser forçado (forçado por uma ventoinha se o fluido for ar ou por um tubo se for água) ou pode ser movido naturalmente, impulsionado por forças de flutuação resultantes de uma diferença de densidade (convecção natural). Este movimento do fluido é explicado com mais pormenor no subcapítulo "Mecânica dos fluidos".

A taxa de transferência de calor por convecção é uma função complexa da geometria e temperatura da superfície, da velocidade e temperatura do fluido e das propriedades termofísicas.

Num escoamento externo forçado, o fluxo de calor pode ser considerado proporcional à diferença entre a temperatura da superfície T_s e a temperatura do fluido em corrente livre T_e. A constante de proporcionalidade é designada por transferência de calor por convecção e é representada por h_c. Na equação (4) é apresentada esta taxa, também designada por lei de Newton do arrefecimento, mas que é uma definição de h_c e não uma lei física.

$$q = h_c \cdot \Delta T \quad [\mathrm{W/m^2K}] \qquad (4)$$

Onde $\Delta T = T_s - T_e$, q é o fluxo de calor da superfície para o fluido [W/m^2] e hc tem unidades [W/m^2 K].

Para uma convecção natural, a situação é mais complicada porque depende se o escoamento é laminar (cujo q varia como ΔT /^{54}) ou se o escoamento é turbulento (cujo q varia como ΔT /^{43}). No entanto, como já foi dito anteriormente, estes casos serão explicados com mais pormenor no subcapítulo seguinte [10].

2.1.3 Radiação

Praticamente todos os objectos emitem radiação electromagnética. A radiação térmica é a transferência de energia através da emissão de ondas electromagnéticas.

Dependendo do facto de o fluxo radiante estar a sair ou a chegar à superfície, a radiação pode ser dividida em

- A irradiação, G [W/m^2], é o fluxo radiante de energia incidente numa superfície
- A radiosidade, J [W/m^2], é o fluxo radiante de energia que sai de uma superfície. Esta radiosidade é devida à emissão e reflexão da radiação electromagnética

Além disso, dependendo das propriedades da superfície do material, a irradiação (G), pode ser refletida (ρ), absorvida (α) ou transmitida (τ), na Figura 5 pode ser observado o balanço térmico desses parâmetros. E sempre, todos os parâmetros somam um, ver equação (5).

$$\rho + \alpha + \tau = 1 \quad (5)$$

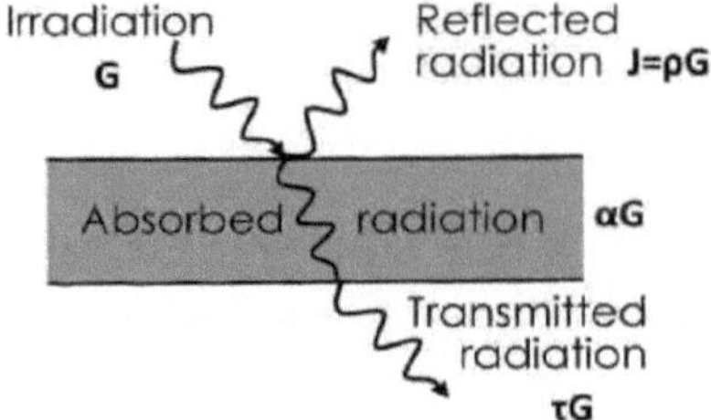

FIGURA 5 BALANÇO DE CALOR NUMA SUPERFÍCIE DE RADIAÇÃO [9]

Nos fenómenos de reflexão aparecem dois tipos de reflexão:

- Especular: o ângulo de reflexão é o mesmo da irradiação
- Difusa: A reflexão é distribuída uniformemente em todas as direcções

Além disso, existem dois casos importantes em função do material:

- Se o corpo for opaco, $\tau = 0$.
- Se o corpo for um corpo negro, $\alpha=1$. Isto significa que o corpo absorve toda a radiação incidente, não reflectindo nenhuma. Como consequência, toda a radiação que sai de uma superfície negra é emitida pela superfície e é dada pela lei de Stefan-Boltzmann apresentada na equação (6).

$$J = E_b = \sigma T^4 \quad [\mathrm{W/m^2}] \quad (6)$$

Onde E_b é a potência emissiva do corpo negro, T é a temperatura absoluta [K] do corpo e σ é a constante de Stefan-Boltzmann (≈5,67·10- 8 W/m K^{24}). [9]

A equação para o fluxo de calor através de uma superfície de corpo negro que recebe todo o calor radiante de uma superfície isotérmica (por exemplo, o sol), seria

$$q = J_1 - G_1 = \sigma T_1^4 - \sigma T_2^4 = \sigma\,(T_1^4 - T_2^4) \quad (7)$$

Onde o sub-índice 1 significa o corpo negro e o sub-índice 2 a superfície isotérmica.

No entanto, os corpos negros não existem, são uma superfície ideal. As superfícies reais absorvem e emitem menos radiação do que as superfícies negras. Estas superfícies reais são conhecidas como superfícies cinzentas, onde a absorvância, α, é inferior a 1 e é constante.

Além disso, uma superfície cinzenta emite menos radiação do que um corpo negro. A fração do corpo negro emitida chama-se emitância (ε). Além disso, numa superfície cinzenta ε tem o mesmo valor que α, ε=α.

Por conseguinte, nas superfícies cinzentas, o fluxo de calor é:

$$q_{12} = \varepsilon_1 \sigma \, (T_1^4 - T_2^4) \quad (8)$$

A dependência de T^4 da transferência de calor radiante torna os cálculos de engenharia mais complicados, pelo que, quando T_1 e T_2 não são muito diferentes, é conveniente linearizar a equação. A equação a seguir é a equação para isso:

$$q_{12} \approx \varepsilon_1 \sigma (4T_m^3)(T_1 - T_2) \approx h_r (T_1 - T_2) \quad (9)$$

Em que T_m é a média de T_1 e T_2 . E $h_r = \varepsilon_1 \sigma (4T_m^3)$, em que hr é designado por coeficiente de transferência de calor por radiação [W/m2K]

Finalmente, deve ser tido em conta outro parâmetro importante para calcular a radiação: o fator de forma. O fator de forma (F_{ij}) é a fração da radiação que deixa a superfície i e atinge a superfície j. Este fator depende apenas da geometria e da orientação das superfícies entre si.

Para desenvolver uma expressão geral, considere duas superfícies diferenciais dAi e dA2 em duas superfícies orientadas A_1 e A_2 como mostra a Figura 6.

Onde:

L = distância entre dA_1 e dA_2

$_1$ Θe θ_2 = ângulos entre a normal das superfícies e a reta que une dA_1 e dA_2 , respetivamente

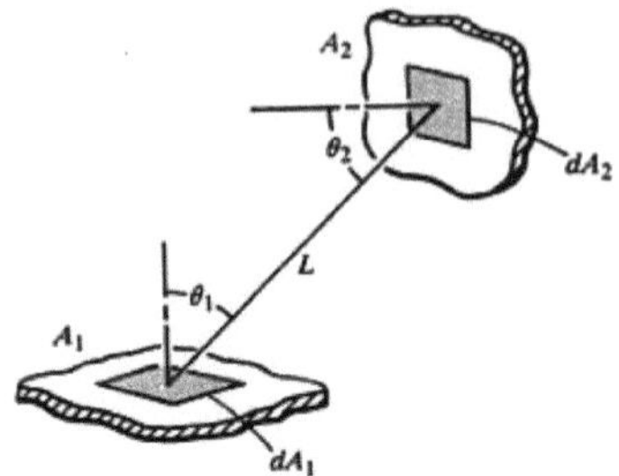

FIGURE 6 GEOMETRY OF DERIVATION FOR SHAPE FACTOR FORMULA [10]

Então, o fator de visão diferencial $dF_{dA \to dB}$ taxa pode ser escrita como:

$$dF_{dA1 \to dA2} = \frac{\dot{Q}_{dA2 \to dA1}}{\dot{Q}_{dA}} = \frac{cos\theta_1 cos\theta_2}{\pi r^2} dA_2 \quad (10)$$

Por conseguinte, o fator de visão $F_{A1 \to A2}$ é determinado integrando a equação## sobre A_1 e A_2

$$F_{A1 \to A2} = \frac{\dot{Q}_{A2 \to A1}}{\dot{Q}_A} = \frac{1}{d} \int_{A2} \int_{A1} \frac{cos\theta_1 cos\theta_2}{\pi r^2} dA_1 dA_2 \quad (11)$$

No domínio da engenharia existem várias equações, tabelas e diagramas para conhecer o fator de visão em diferentes geometrias e orientações. Na Figura 7 e na Figura 8 são apresentados os casos de fator de visão relevantes na tese [9].

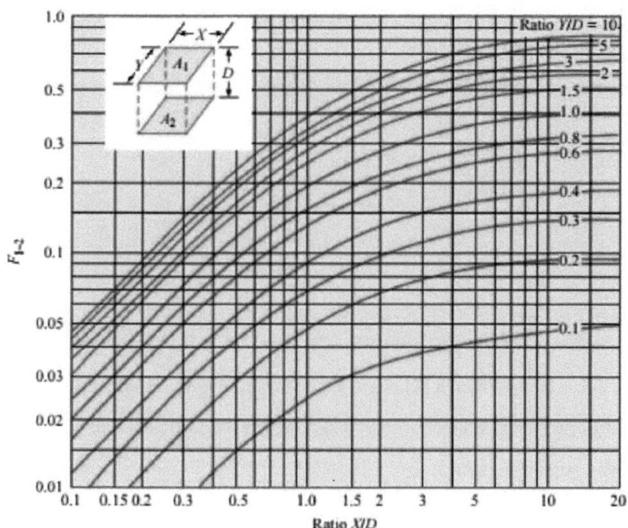

FIGURA 7 FATOR DE FORMA DA RADIAÇÃO PARA A RADIAÇÃO ENTRE RECTÂNGULOS PARALELOS [9]

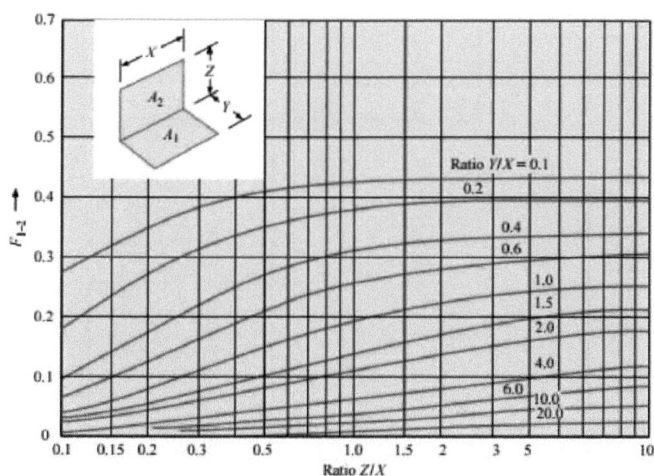

FIGURA 8 FATOR DE FORMA DA RADIAÇÃO PARA A RADIAÇÃO ENTRE RECTÂNGULOS PERPENDICULARES COM UMA ARESTA COMUM [9]

2.1.4 MODOS COMBINADOS DE TRANSFERÊNCIA DE CALOR. VALOR U

Em quase todos os problemas de transferência de calor está presente a combinação da condução, da convecção e da radiação. Naturalmente, o problema desta tese tem uma combinação de ambas. Por isso, é importante saber como é que elas interagem entre si.

Um método fácil de resolver os problemas consiste em tratar os circuitos térmicos como se fossem circuitos eléctricos. Assim, o q (fluxo de calor) seria o I (corrente eléctrica), o ΔT (diferença de temperatura) seria o ΔV (diferença de tensão) e a resistência dependeria do tipo de transferência de calor em questão:

- Condução: $R = L/\kappa A$
- Convecção: $R = 1/h\, A_c$
- Radiação: R = $1/h\, A_r$

Na Figura 9, pode observar-se um exemplo deste método em que Q é o fluxo de calor [W] que atravessa as superfícies A [m2], T é a temperatura [K], L é a espessura da camada de material, k é a condutividade térmica do material [W/m*K] e hc representa o coeficiente de transferência de calor [W/m2*K] em ambos os lados das superfícies A.

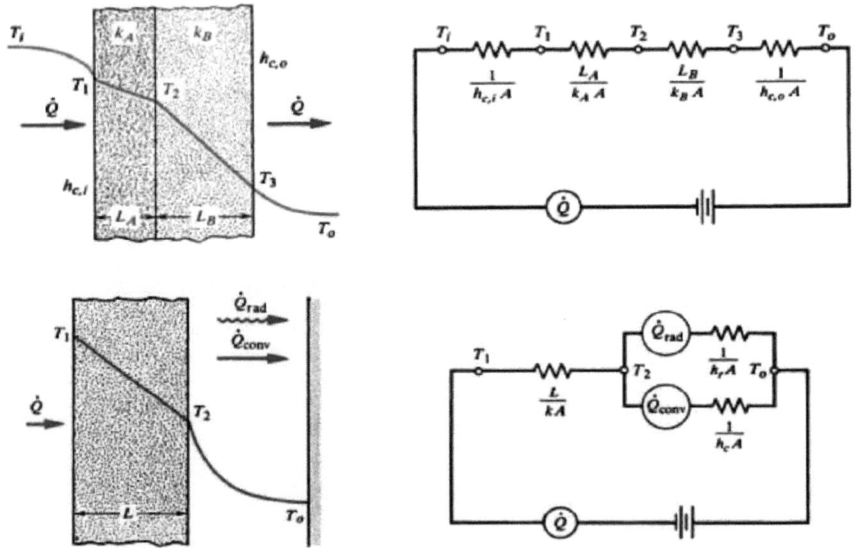

FIGURA 9 CIRCUITOS TÉRMICOS TRANSFORMADOS EM CIRCUITOS ELÉCTRICOS [10]

Tal como nos problemas dos circuitos eléctricos, quando as resistências estão em série, o Q é o mesmo em cada camada de material em condições de estado estacionário e os ΔT são diferentes. Por outro lado, quando as resistências estão em paralelo, o Q é diferente e o ΔT é igual em cada resistência, tal como na troca de calor numa superfície, em que a troca de calor por radiação e convecção é efectuada quando as superfícies circundantes têm a mesma temperatura que o ar ambiente.

Portanto, se a lei de Ohm (do circuito elétrico) for tratada como um circuito térmico, o fluxo de calor pode ser calculado como:

$$\frac{\dot{Q}}{A} = \dot{q} = \frac{\Delta T}{R_{tot}} \quad (12)$$

Onde R_{tot} é a soma de todas as resistências. Se estiverem em série é $R_{tot} = \sum I$ e se estiverem em paralelo é ${}^{1}/_{R_{tot}} = {}^{1}/_{\sum R}$. No entanto, a equação seguinte é a forma mais famosa que foi escrita.

$$\dot{q} = \frac{\dot{Q}}{A} = U \cdot \Delta T \quad (13)$$

Onde U é chamado de valor U e é o inverso da soma de todas as resistências $\left(U = {}^{1}/_{R_{tot}}\right)$.

O valor U é simples e conveniente para ser utilizado em cálculos de engenharia. Os valores típicos de U [W/m^2 K] variam numa vasta gama para diferentes tipos de paredes e fluxos convectivos. A Tabela 1 mostra alguns valores médios de U de diferentes construções de janelas em edifícios antigos, novas construções e a melhor opção.

Construção	Parque imobiliário antigo	Nova construção	Melhores práticas
Laje de pavimento no solo	0.31	0.17	0.09
Telhado	0.20	0.12	0.08
Paredes exteriores	0.35	0.20	0.09
Janelas/portas	2.30	1.50	0.90

QUADRO 1 VALOR U PARA DIFERENTES CATEGORIAS DE EDIFÍCIOS (W/M^2 K) [12]

Nesta tese, o valor U é importante para saber o grau de eficiência da janela. Quanto mais baixo for o valor do valor U, mais isolada é a janela, ou seja, menos fluxo de calor passa através da janela e mais eficiente.

Atualmente, quando é dado um valor U para uma janela, este aplica-se normalmente a toda a janela, incluindo o caixilho. No entanto, alguns fabricantes de vidro fornecem apenas o valor U do centro do vidro, normalmente indicado por U_g, em que o índice g representa a parte envidraçada.

2.1.5 Pontes térmicas. Ψ-valor

Uma ponte térmica pode ser definida como uma área de um objeto (normalmente um componente de um edifício na envolvente) que tem uma transferência de calor notavelmente mais elevada do que os componentes circundantes. A existência de uma ponte térmica num edifício reduz a eficiência energética. Por conseguinte, é muito importante reduzir ou minimizar o efeito da ponte térmica em todo o edifício.

Além disso, as perdas de energia não são o único problema num edifício devido às bridas térmicas. Podem surgir mais problemas, tais como superfícies internas localmente frias, elevado risco de condensação e risco de sujidade.

Por isso, é importante evitá-las e saber onde podem aparecer. A ponte térmica pode ocorrer de diferentes formas:

- Nas partes da construção onde o isolamento térmico foi reduzido localmente. É sobre este problema que a tese se vai debruçar.
- Razões estruturais, por exemplo, suporte de carga ou nas juntas das paredes.
- Anomalias (transmitância pontual), por exemplo, tubos ou condutas.

Uma vez verificada a importância das pontes térmicas, estas devem ser tidas em conta no cálculo das perdas de transmissão através da envolvente do edifício. As perdas de transmissão dependem do valor U e das áreas (explicadas no capítulo anterior), da transmissão linear através das pontes térmicas (valor Ψ) e dos seus comprimentos e da transmissão pontual (valor χ) e das temperaturas interior e exterior. Assim, o fluxo total de calor perdido num edifício seria:

$$\dot{Q} = \left[\sum_{j=1}^{n} U_j \cdot A_j + \sum_{k=1}^{m} \Psi_{tbk} \cdot l_{tbk} + \sum_{l=1}^{p} \chi_{tbl}\right](T_i - T_e) \qquad (14)$$

O valor Ψ [W/mK] é a transmitância térmica linear, este coeficiente que indica a dimensão da perda de calor através da ponte térmica e o valor χ [W/K] é o coeficiente que indica a perda de calor num ponto.

O edifício estudado nesta tese situa-se na Suécia. Neste país, as perdas de calor por transmissão aumentam cerca de 20% por defeito se as pontes térmicas forem tidas em conta. [13]

De acordo com a norma SS EN ISO 10211 [14], o método utilizado para calcular o valor Ψ é o seguinte

1. Para construir um caso de referência sem a ponte térmica e calcular o seu fluxo de calor *(Q_{re}/)*

2. Calcular o fluxo total de calor com um método aplicável *(Q_{t0t})*, por exemplo, com um método de elementos finitos.

3. Uma vez calculados os fluxos de calor, o valor de Ψ é obtido utilizando a equação seguinte.

$$\dot{Q}_{tot} = \dot{Q}_{ref} + \Psi \cdot 1 \cdot \Delta T \quad [W] \quad (15)$$

$$\Psi = \frac{\dot{Q}_{tot} - \dot{Q}_{ref}}{1 \cdot \Delta T} \quad [W/m*K] \quad (16)$$

Por exemplo, para calcular a ponte térmica entre a janela e a parede, o primeiro passo seria calcular o Q_{re} f utilizando o valor U da janela e da parede. Depois, o Q_{tot} será calculado com o programa de elementos finitos, neste caso incluindo a ponte térmica na junta entre a janela e a parede. No final, o valor Ψ será calculado utilizando os dois fluxos de calor e a equação (16).

2.2 MECÂNICA DOS FLUIDOS

Para explicar a teoria da mecânica dos fluidos, a literatura [9], [10] e [15] foi sintetizada, retirando as partes mais importantes para a tese.

A mecânica dos fluidos é o domínio da física que envolve o estudo dos fluidos (líquidos, gases e plasmas) e das forças que neles actuam. Pode ser dividida em estática dos fluidos e dinâmica dos fluidos. Neste capítulo, será estudada a dinâmica dos fluidos e, mais especificamente, a convecção natural do fluido.

Na convecção natural, o fluido ocorre por meios naturais, como a flutuabilidade. Esta convecção é menor do que a forçada porque a velocidade associada é menor, pelo que o coeficiente de transferência de calor encontrado na convecção natural também é baixo.

As forças de empuxo são responsáveis pelo movimento do fluido. Estas forças de flutuação podem ser definidas como a equação seguinte:

$$F_{buoyancy} = \rho_{fluid} \cdot g \cdot V_{body} \quad [N] \quad (17)$$

Onde ρ_{fluido} é a densidade do fluido, g é a gravidade (9,81 m^2/s) e V_{corpo} é o volume do corpo imerso no fluido. Então, a força líquida seria:

$$F_{net} = W - F_{buoyancy} = (\rho_{body} - \rho_{fluid}) \cdot g \cdot V_{body} \quad [N] \quad (18)$$

Como se pode observar na equação (18), a força líquida é proporcional à diferença de densidades.

Este facto é conhecido como o princípio de Arquimedes [10].

Além disso, a densidade é uma função da temperatura porque, dependendo da temperatura, o volume muda. Se a pressão for constante, o coeficiente de expansão de volume β é definido como:

$$\beta = -\frac{1}{\rho} \cdot \left(\frac{\partial \rho}{\partial T}\right)_p \quad \left[\frac{1}{K}\right] \tag{19}$$

$$\beta \approx -\frac{1}{\rho} \cdot \frac{\Delta \rho}{\Delta T} \rightarrow \Delta \rho \approx -\rho \beta \Delta T \tag{20}$$

Uma vez que a força de empuxo é proporcional à diferença de densidade, quanto maior for a diferença de temperatura entre o fluido e o corpo, maior será a força de empuxo.

Para um gás ideal, onde *Pv=RT,* o coeficiente de expansão volumétrica é $\beta = \frac{1}{T_{avg}}$ onde T deve ser em K e a temperatura média dos volumes de ar. Nesta tese, o fluido estudado é o ar, pelo que pode ser considerado um gás ideal.

Assim, quando existe um gradiente de temperatura num fluido que está em contacto com uma superfície, a temperatura do fluido junto à superfície muda e, consequentemente, também a sua densidade. Com a ajuda da força da gravidade, quando o fluido junto à superfície aquecida está quente, a densidade é menor e o fluido move-se para cima. Por outro lado, com uma superfície arrefecida e, por sua vez, um fluido mais frio, a densidade é maior e o fluido move-se para baixo. Este efeito cria o movimento do fluido.

Uma vez visto como as forças de flutuação mudam com a temperatura e criam o movimento do fluido, serão apresentados os números adimensionais utilizados para calcular a convecção livre.

2.2.1 Número Grashof. Gr

Um dos números adimensionais mais importantes para analisar a distribuição de velocidade em sistemas de convecção natural é o chamado Número de Grashof. Este número é a relação entre as forças de empuxo e as forças viscosas.

$$Gr = \frac{buoyant\ force}{viscous\ force} = \frac{g \Delta \rho V}{\rho \nu^2} = \frac{g \beta \Delta T V}{\nu^2} \tag{21}$$

Além disso, o número de Grashof pode ser expresso como:

$$Gr = \frac{g \beta \Delta T \delta^3}{\nu^2} \tag{22}$$

Onde:

g = aceleração gravitacional, m^2 /s

β = coeficiente de dilatação do volume, 1/K

δ = comprimento caraterístico da geometria, m

ν = viscosidade cinemática do fluido, m^2 /s

O regime de fluxo na convecção natural é regido pelo número de Grashof. Quando Gr é superior a 10^9 o fluxo é turbulento e inferior é laminar. [10]

2.2.2 Número de Prandtl. Pr

Este número adimensional é a relação entre a difusividade de momento (viscosidade cinemática) e a difusividade térmica.

$$Pr = \frac{viscous\ diffusion\ rate}{thermal\ difussion\ rate} = \frac{\nu}{\alpha} = \frac{\mu C_p}{\mathrm{k}} \tag{23}$$

Onde:

ν = difusividade do momento, m^2 /s

α = Difusividade térmica, m^2 /s

μ = viscosidade dinâmica, kg/m s

Cp = Capacidade térmica específica, J/kg K

K = condutividade térmica, W/m

O número de Prandtl depende apenas das propriedades do fluido e é utilizado em cálculos de transferência de calor e de convecção livre e forçada. Nesta tese, o fluido estudado é o ar, pelo que o Pr se situa entre 0,7 e 0,8, dependendo da temperatura do fluido. Mas pode ser considerado 0,7 para temperaturas ambientes. [16]

2.2.3 Número de Rayleigh. Ra

O número de Rayleigh, sem dimensão, está associado à transferência de calor no interior do fluido. Este número é uma combinação dos dois números anteriores.

$$Ra = Gr \cdot Pr = \frac{g\beta\Delta T\delta^3}{\nu^2} Pr \tag{24}$$

Quando o número de Rayleigh é inferior ao valor crítico para o fluido, a transferência de calor é principalmente por condução. Por outro lado, quando excede o valor crítico, a transferência de calor é principalmente por convecção. [10]

2.2.4 Número de Nusselt. Nu

O número de Nusselt é a razão entre a transferência de calor por convecção e por condução através da fronteira. Se o valor de Nu for 1, significa que não há convecção, ou seja, não há movimento, pelo que todo o calor é transmitido apenas por condução. Por outro lado, se for superior a 1, significa que o fluido está a mover-se e a criar convecção. Quanto mais elevado for o número, mais movimento tem o fluido. [9]

$$Nu = \frac{Convective\ heat\ transfer}{Conductive\ heat\ transfer} = \frac{hL}{k} = \frac{ke}{k} = C \cdot Ra^n = C(GrPr)^n \quad (25)$$

Onde:

h = coeficiente de transferência de calor por convecção, W/m^2 K

L =comprimento caraterístico, m

k = condutividade térmica, W/m k

ke= condutividade térmica efectiva ou aparente

Todas as propriedades são avaliadas na temperatura da película; esta temperatura é a média entre a temperatura da superfície e a temperatura do fluido. $T_f = (T_s + T_\infty)/2$

C e n são designados por correlação. São constantes e dependem da geometria da superfície e do escoamento. C é normalmente inferior a 1 e n é 1/4 para escoamentos laminares e 1/3 para escoamentos turbulentos. Existem muitos estudos [17], [18] e [19] sobre correlações em diferentes geometrias e fluidos.

No entanto, na Tabela 2 apenas são apresentadas as correlações para geometria fechada, uma vez que nesta tese a convecção natural ocorre num espaço fechado onde o calor é transferido entre duas superfícies separadas por ar. Para compreender a tabela, o sistema considerado é apresentado na Figura 10 e a equação geral para o número de Nusselt em recintos fechados pode ser escrita como:

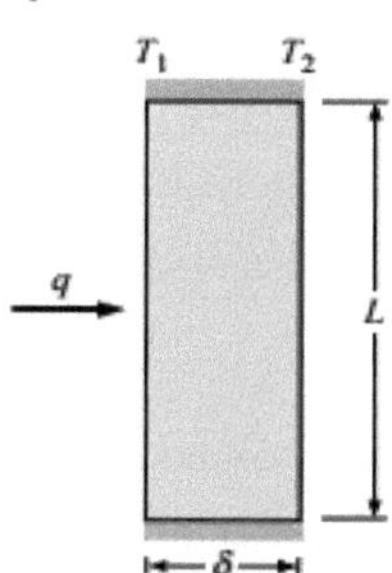

FIGURE 10 NOMENCLATURE FOR FREE CONVECTION IN ENCLOSED VERTICAL SPACES [9]

$$Nu = C \cdot (Gr \cdot Pr)^n \left(\frac{L}{\delta}\right)^m \tag{26}$$

QUADRO 2 RELAÇÕES EMPÍRICAS PARA A CONVECÇÃO LIVRE EM RECINTOS [9] PÁGINA 350

Fluid	Geometry	$Gr_\delta\ Pr$	Pr	$\frac{L}{\delta}$	C	n	m	Reference(s)
Gas	Vertical plate,	< 2000	$k_e/k = 1.0$					6, 7, 55, 59
	isothermal	6000–200,000	0.5–2	11–42	0.197	$\frac{1}{4}$	$-\frac{1}{9}$	
		$200{,}000–1.1 \times 10^7$	0.5–2	11–42	0.073	$\frac{1}{3}$	$-\frac{1}{9}$	
	Horizontal plate,	< 1700	$k_e/k = 1.0$					
	isothermal	1700–7000	0.5–2	—	0.059	0.4	0	6, 7, 55, 59, 62, 63
	heated from							
	below	$7000–3.2 \times 10^5$	0.5–2	—	0.212	$\frac{1}{4}$	0	66
		$> 3.2 \times 10^5$	0.5–2	—	0.061	$\frac{1}{3}$	0	
Liquid	Vertical plate,	< 2000	$k_e/k = 1.0$					
	constant heat	$10^4–10^7$	1–20,000	10–40	Eq. 7-52	—	—	18, 61
	flux or isothermal	$10^6–10^9$	1–20	1–40	0.046	$\frac{1}{3}$	0	
	Horizontal plate,	< 1700	$k_e/k = 1.0$	—				7, 8, 58, 63, 66
	isothermal,	1700–6000	1–5000	—	0.012	0.6	0	
	heated from	6000–37,000	1–5000	—	0.375	0.2	0	
	below	$37{,}000–10^8$	1–20		0.13	0.3	0	
		$> 10^8$	1–20		0.057	$\frac{1}{3}$	0	
Gas or liquid	Vertical annulus	Same as vertical plates						
	Horizontal annulus,	$6000–10^6$	1–5000	—	0.11	0.29	0	56, 57, 60
	isothermal	$10^6–10^8$	1–5000	—	0.40	0.20	0	
	Spherical annulus	$120–1.1 \times 10^9$	0.7–4000	—	0.228	0.226	0	43

Uma vez calculado o número Nu e resolvido h a partir da equação (27), a transferência de calor por convecção livre pode ser calculada com a seguinte equação

$$h = \frac{Nu \cdot k}{L} \tag{27}$$

Método

Este capítulo explica o método utilizado para calcular a ponte térmica entre a janela e a parede e depois o ciclo de custos de vida de cada caso explicado na introdução da tese. Resumindo, para ter uma ideia global, o método realizado é explicado nos passos seguintes:

- Utilizar um programa de elementos finitos para determinar as caraterísticas da perda de calor adicional na junta de construção e depois calcular o valor Ψ para a ponte térmica. A cavidade é modelada como estando vazia, meio cheia com isolamento ou completamente cheia com isolamento.

- Verificar o modelo do programa através de medições.

- Utilizar os resultados do programa para introduzir no programa de simulação de edifícios IDA-ICE para investigar as perdas extra de energia criadas pelas várias pontes térmicas em combinação com diferentes estratégias de renovação de janelas (sem renovação, adicionando um painel extra ou mudando toda a janela).

- Efetuar um cálculo LCC de cada caso para conhecer a solução mais económica utilizando os resultados do IDA-ICE.

Devido a dificuldades para entrar e efetuar medições na casa estudada, os cálculos sobre a ponte térmica e as medições foram baseados numa janela do laboratório da Universidade de Gavle. Esta janela encontra-se entre uma câmara fria e uma sala aquecida, pelo que as temperaturas circundantes podem ser controladas nas medições.

3.1 Pontes térmicas

Como é explicado no capítulo teórico, de acordo com a norma ISO 10211 [14], o cálculo do valor Ψ da ponte térmica pode ser dividido em três passos:

1. Fluxo de calor de referência *(Q_{ref})*
2. Fluxo de calor total *(Q_{tot})*
3. Calcular o valor Ψ

Para calcular os dois fluxos de calor das primeiras etapas, é utilizado um programa de CFD (dinâmica de fluidos computacional) chamado Fluent, que é um pacote comercial de CFD de uso geral fornecido pela ANSYS Inc.

Além disso, para validar os resultados do CFD, as temperaturas da estrutura foram medidas com termóstatos e uma câmara termográfica. Nos próximos capítulos, são apresentadas mais informações sobre estas técnicas de medição e as suas aplicações.

3.1.1 Simulações

As simulações, como já foi dito, serão efectuadas com o Fluent 15.0. Por isso, este subcapítulo será dividido de acordo com os passos seguidos na utilização deste programa. Os diferentes passos são:

1. Identificar a ponte térmica e definir a geometria para o componente estudado
2. Casos estudados - caso de referência e casos com vários graus de isolamento na cavidade
3. Malha utilizada nos casos
4. Opções gerais - estado estável ou dinâmico
5. Aplicações -Energia, viscosidade e radiação
6. Materiais - condutividade térmica
7. Condições de fronteira - temperaturas ambiente e coeficientes de transferência de calor
8. Solução - critérios para quando uma solução é encontrada

Geometria

O primeiro passo para as simulações foi medir as dimensões da janela do laboratório. Na Figura 11 pode ser observado um desenho do plano estudado da janela.

Casos estudados

A primeira simulação, de acordo com a norma ISO 10211 [14], consiste em calcular o fluxo de calor de referência. Para o calcular, a ponte térmica tem de ser removida; neste caso, foi adicionada a cavidade e as suas coberturas e uma parede adiabática. Como se pode observar na Figura 12, a geometria da janela não é simples, pelo que o fluxo de calor tem mais do que uma direção, o que constitui um problema, uma vez que não pode ser calculado como se explica no capítulo da teoria. Para resolver o problema, este fluxo de calor foi calculado através do programa CFD Fluent.

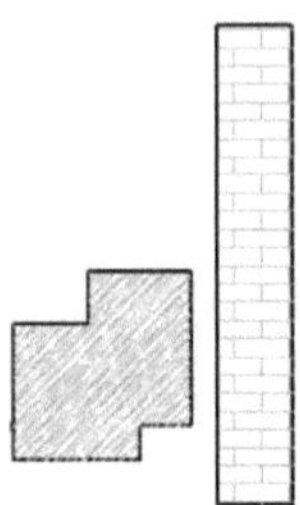

FIGURE 12 REFERENCE HEAT FLUX GEOMETRY

Devido à impossibilidade de acesso aos apartamentos, não se pode saber quão isolada está atualmente a cavidade nos edifícios de Gavlegårdarna, existem três tipos interessantes de valor Ψ a serem calculados e comparados entre si; quando a cavidade está completamente cheia de isolamento, meio isolada e quando a cavidade está vazia, ou seja, com ar. Na Tabela 3 é apresentada a geometria de cada caso estudado.

TABELA 3 GEOMETRIA DE CADA CASO ESTUDADO

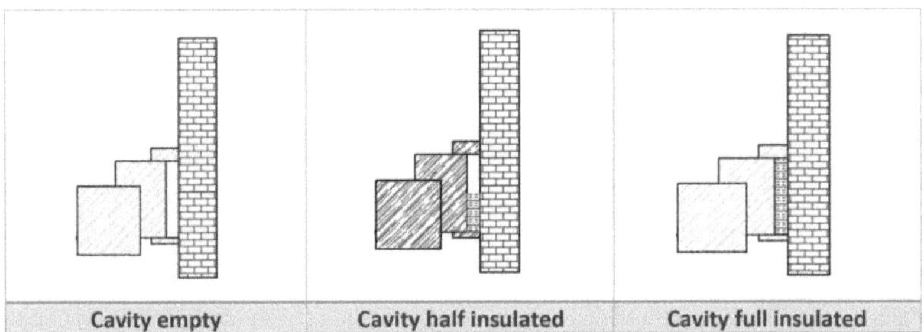

Além disso, devido ao movimento do fluido, o estudo foi dividido em dois casos: o quadro horizontal e o quadro vertical. O horizontal é um estudo 2D e o vertical é um estudo 3D.

Como foi explicado no capítulo da teoria, a gravidade é um parâmetro fundamental para a convecção livre do fluido. O caso horizontal pode ser um estudo em 2D porque o plano estudado tem a gravidade no mesmo plano, pelo que a gravidade pode ser tida em conta nos cálculos. Caso contrário, no caso vertical, a gravidade estaria na direção perpendicular em relação ao plano estudado, pelo que a única forma de resolver este problema é fazer um estudo 3D. Na Figura 13 podem observar-se os diferentes planos do caixilho vertical e horizontal da janela e a direção da gravidade.

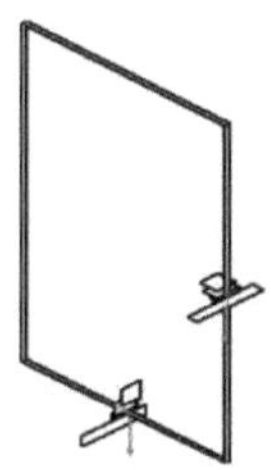

FIGURE 13 GRAVITY AND VERTICAL AND HORIZONTAL PLANES

Consequentemente, para calcular o valor Ψ dos três casos, serão necessárias 5 simulações;

- Uma simulação quando a cavidade está totalmente isolada. Devido ao facto de existir ar, não é necessário efetuar um estudo horizontal e vertical. Basta um, partindo do pressuposto de que não existem fluxos de ar convectivos no isolamento.
- Duas simulações quando a cavidade está meio isolada; uma horizontal e outra vertical.
- Duas simulações quando a cavidade está vazia; uma horizontal e outra vertical.

O quadro 4 apresenta um resumo dos sete casos estudados.

QUADRO 4 CASOS ESTUDADOS DE PONTES TÉRMICAS

Casos		Estudo
Referência		2D
Cheio de isolamento		2D
Horizontal	Meio isolamento	2D
	Vazio	2D
Vertical	Meio isolamento	3D
	Vazio	3D

Haveria dois valores Ψ para cada fotograma, um valor Ψ para o fotograma vertical e outro valor Ψ- para o fotograma horizontal. De modo a ter apenas um valor Ψ para uma janela, é utilizado um valor médio para cada caso através de uma média ponderada. O comprimento do caixilho horizontal é de 880 mm e o vertical é de 1470 mm. Assim, 62,5% do caixilho é vertical e 37,5% é horizontal. Por conseguinte, o valor Ψ total pode ser calculado como:

$$\Psi_{total} = 0{,}625\Psi_{vertical} + 0{,}375\Psi_{horizontal} \quad (28)$$

Malha

Uma das caraterísticas mais importantes do Fluent, entre outros programas de CFD, é a possibilidade de fazer uma malha refinada nos principais volumes, superfícies ou linhas. Nesta tese, o volume mais importante é o fluido no interior da cavidade. A malha é refinada no fluido e nas paredes cobertas. Na Figura 14, apresenta-se uma imagem da malha utilizada no interior da cavidade para o caso da cavidade vertical vazia, em que a malha da cavidade é mais fina do que a malha das paredes e dos caixilhos.

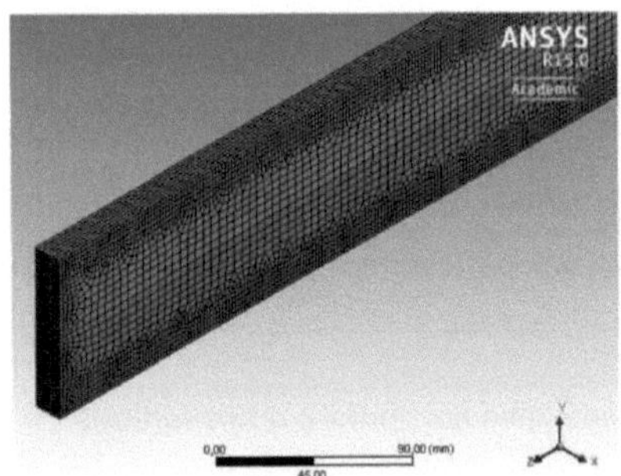

FIGURE 14 MESH OF THE CAVITY IN THE VERTICAL EMPTY CASE

Além disso, foram efectuadas diferentes simulações com diferentes precisões para comparar os resultados e verificar se a precisão da malha altera os resultados (Figura 15). Ao utilizar este método, é possível encontrar a malha óptima; e a malha óptima é aquela que fornece resultados próximos das soluções analíticas e em menos tempo.

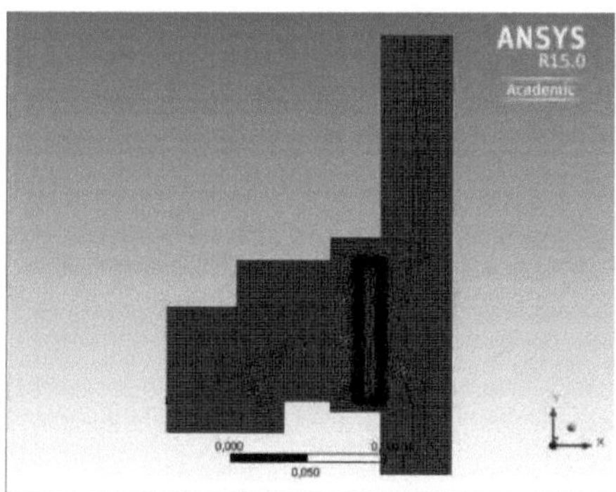

FIGURA 15: DIFERENTES TIPOS DE MALHAS COM MENOR E MAIOR PRECISÃO

Opções gerais

Nas opções gerais do programa pode ser escolhido um estudo em estado estacionário ou em estado transiente. Relativamente à análise de pontes térmicas, a maioria das normas atualmente existentes ISO 10211 [14] considera a ponte térmica como uma construção sem inércia, pelo que a transferência de calor em estado estacionário é suficiente para o estudo. No entanto, se a ponte térmica for considerada em estado estacionário e sem inércia térmica, na procura de energia aparece um atraso em relação às condições reais [20]. Para a análise da tese não é importante o atraso no tempo, pelo que se assume um estado de estudo.

Além disso, a gravidade (9,81 m/s^2) e a sua direção são indicadas nas opções gerais. Os casos horizontais têm a gravidade na direção X e os verticais na direção Z.

Aplicações

O Fluent tem diferentes aplicações a serem estudadas, tais como multifásica, energia, permutador de calor, acústica... entre outras (Figura 16). O estudo da tese tem três aplicações a ter em consideração; Energia, viscosidade e radiação.

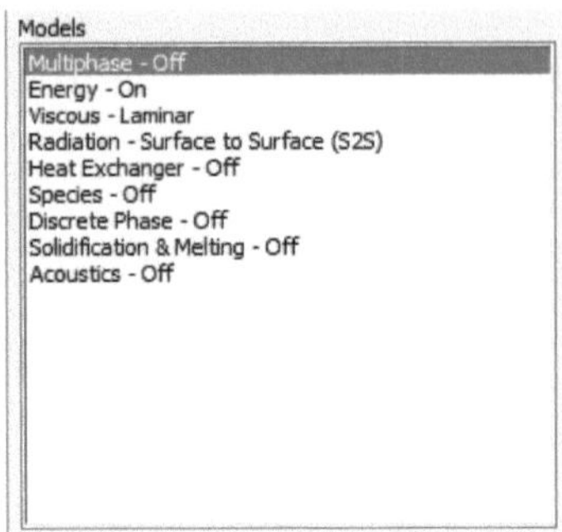

FIGURE 16 DIFFERENT APPLICATIONS OF FLUENT

Para selecionar o modo viscoso, foi utilizado o número adimensional de Grashof. Como se explica no subcapítulo 2.2.1, o regime de escoamento em convecção natural é regido pelo número de Grashof. Quando Gr é superior a 10^9 , o escoamento é turbulento e inferior é laminar. Por conseguinte, o número de Grashof da geometria horizontal e vertical foi calculado de acordo com a equação (22), considerando a temperatura interior quente de 20° C e a temperatura exterior fria de -10° C.

Para a estrutura horizontal, quando a cavidade está vazia, o $Gr=5,81\cdot10^7$ e quando está semi-isolada é $Gr=7,25\wedge10^6$, portanto é inferior a 109. Portanto, as cavidades horizontais têm um fluxo laminar. Por outro lado, para a caixa vertical, a caixa vazia tem um $Gr= 2,18\text{-}10^{11}$ e a semi-isolada um $Gr= 2,73\text{-}10^{10}$, pelo que se trata de um escoamento turbulento.

No Fluent existem diferentes tipos de escoamentos turbulentos, neste caso foi adotado o modelo k-ε RNG, sendo que algumas referências referem que esta é a melhor opção [21] e [22]. Além disso, foi simulado com o modelo padrão k-ε e os resultados foram os mesmos, mas o RNG convergiu mais rapidamente.

Para a radiação, a opção Superfície a superfície (S2S) foi selecionada devido à sua rápida convergência (uma solução é rapidamente obtida nos cálculos iterativos) e porque os factores de forma para o invólucro eram fáceis de calcular para o programa devido à geometria simples da cavidade.

Materiais

De seguida, definiram-se os materiais da simulação. As janelas do laboratório são de madeira, pelo que todas as partes, como a janela, o caixilho, as coberturas da cavidade e a parede, são de madeira.

Para além disso, dependendo dos casos estudados, a cavidade está cheia de ar, meio cheia de lã mineral e cheia de lã mineral.

A Tabela 5 apresenta as caraterísticas térmicas e principais dos materiais sólidos madeira e lã mineral e do fluido da cavidade, o ar. Estes dados foram retirados da base de dados do programa Fluent.

TABELA 5: PROPRIEDADES DOS MATERIAIS UTILIZADOS NA SIMULAÇÃO DO FLUENT

Material		Densidade	Condutividade térmica	Viscosidade	Pr
Sólido	Madeira	700	0.173	-	-
	Lã mineral	-	0.036	-	-
Fluido	Ar	Dependente de T	0.0242	1.7894-105	0,7
Unidades		kg/m³	W/m-K	kg/m-s	-

O ar foi considerado como um gás ideal incompressível, pelo que a densidade mudaria consoante a temperatura.

Os caixilhos da janela têm pintura branca no exterior, à exceção de uma tira de madeira não tratada que cobre a cavidade no lado exterior da junta entre a parede e o caixilho da janela. No entanto, como foi dito anteriormente, na simulação não se tem em conta a radiação, exceto na cavidade fechada.

Condições de fronteira

O passo seguinte foi definir as condições de fronteira. A temperatura interior foi considerada como 20° C e a exterior como -10° C, o que perfaz uma diferença de temperatura de 30° C. O coeficiente de transferência de calor considerado para a simulação foi de 8 W/mK para a envolvente interior e de 25 W/mK para a exterior. Finalmente, o vidro da janela e o lado da parede foram considerados como paredes adiabáticas. Por conseguinte, as condições de fronteira seriam as indicadas na Figura 17.

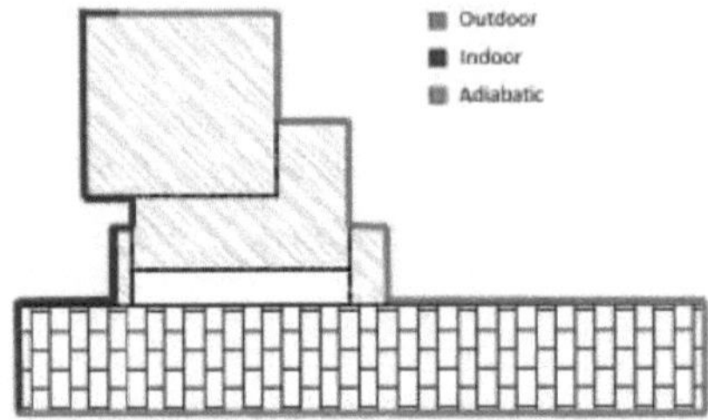

FIGURE 17 BOUNDARY CONDITIONS

Além disso, a emissividade da radiação nas paredes da cavidade tem de ser adicionada. Se se considerar que as superfícies no interior da cavidade não estão pintadas, então a emissividade pode ser considerada como ε=0,9 para as superfícies de madeira e de insolação.

Soluções

A última etapa foi a execução dos cálculos. Nesta etapa, o Fluent pergunta quantas iterações são necessárias para fazer o resultado convergir. Considera-se que um resultado convergiu para uma solução quando os resíduos de cada iteração são iguais ou quase iguais. Na Figura 18 são mostrados os resíduos das direcções x e y da velocidade do ar e a energia da cheia horizontal do caso de estudo do ar. De qualquer modo, para ter a certeza de que o modelo numérico está resolvido, a soma de todos os fluxos de calor tem de ser zero, ou próxima de zero, pelo menos 10^{-4} , para cumprir os critérios de estado estacionário.

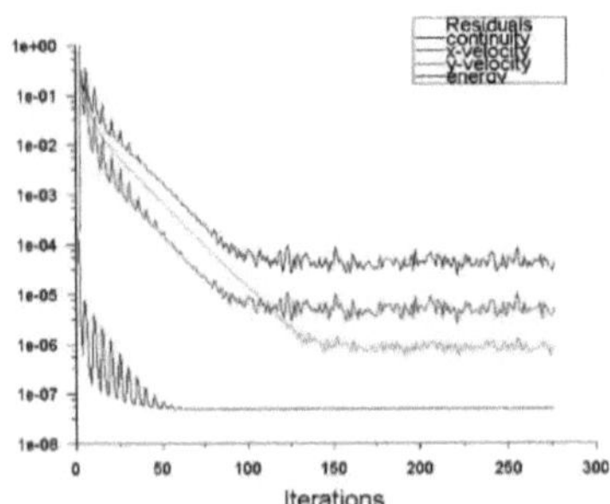

FIGURE 18 RESIDUALS OF THE HORIZONTAL HALF INSULATED CASE

Nos casos 2D, a horizontal, com menos de 200 iterações, foi suficiente para fazer convergir os resultados. Por outro lado, os casos 3D necessitaram de cerca de 2000 iterações, pelo que o Fluent demorou cerca de 24 horas a dar a solução.

3.1.2 Medições

Para validar as simulações com medições, efectuaram-se medições das temperaturas da superfície da cobertura de madeira da cavidade. Existem diferentes tipos de técnicas para conhecer a temperatura de uma superfície e, se apenas uma delas for utilizada, não é possível afirmar se as medidas estão corretas. Por isso, nesta tese foram utilizadas duas técnicas: a medição da temperatura com termopares e a utilização de uma câmara termográfica. Existem alguns estudos em que estas técnicas foram utilizadas [23]

As medidas foram tomadas no laboratório da Hogskolan i Gavle e foram estudados três casos: todos isolados, meio isolados e sem isolamento.

Os termopares são um dispositivo constituído por dois fios de metais diferentes que se unem numa extremidade, designada por extremidade de medição, sendo este lado ligado ao objeto estudado. Na outra extremidade do termopar, chamada extremidade de referência, está ligado um voltímetro. Devido à diferença de temperatura entre a extremidade de medição e a extremidade de referência, pode ser medida uma diferença de tensão, designada por efeito Seeback. A temperatura pode ser calculada com esta diferença de tensão. [24]

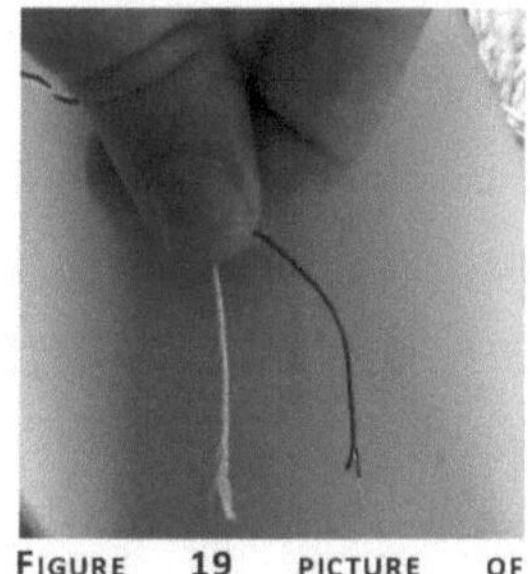

Figure 19 Picture of thermocouples type T

Dependendo do material dos fios, existem diferentes tipos de termopares. Nesta tese foi utilizado o termopar do tipo T (Figura 19). De acordo com a Instrument Society of America (ISA) e uma norma americana ANSI MC 96.1, o termopar do tipo T é composto por Cu (onde deve ser ligado no pólo positivo e Níquel-45% cobre, ligado no negativo). Este termopar pode ser utilizado numa gama de temperaturas entre -200° C e 370° C. Os termopares utilizados neste caso têm um erro de ±0,5° C.

Para a experiência, foram utilizados dez termopares. Oito foram instalados na cobertura de madeira da cavidade e os outros dois para medir a temperatura do entorno do sem-fim e da câmara fria. Como se pode observar na Figura 20, os 8 termopares da cobertura de madeira foram instalados quatro em cada lado, sendo três na estrutura vertical e um na horizontal.

Na estrutura vertical, os termopares foram instalados um no meio, um 40 cm acima do meio e o outro 40 cm abaixo. O termopar horizontal foi instalado no centro da estrutura horizontal.

FIGURA 20 TERMOPAR LIGADO NA CÂMARA FRIA. À ESQUERDA PODE OBSERVAR-SE UM BASTÃO PRETO ONDE FOI ligado o termopar para calcular a temperatura envolvente. OS OUTROS TERMOPARES FORAM LIGADOS NA SUPERFÍCIE DA TAMPA DA CAVIDADE

Além disso, como se pode observar na figura anterior, os termopares têm duas fitas diferentes para serem fixados. Isto é feito para não alterar a emissividade e especialmente o coeficiente de absorção de ondas curtas da madeira e obter resultados errόneos.

Os lados de referência do termopar foram ligados, com o de cobre no positivo e o de níquel-45% cobre no negativo, como se diz na norma ANSI MC96.1, num registador de dados para ler as temperaturas em cada termopar. O registador de dados utilizado foi um Agilent 34970A. Na Figura 21 pode observar-se uma fotografia deste aparelho.

No entanto, antes de fazer toda a instalação dos termopares, estes foram calibrados utilizando água e outro registador de dados simples para verificar se todos os sensores estavam corretamente ligados e se indicavam a mesma temperatura. Na Figura 21 pode observar-se como todos os termopares foram imersos num copo de água.

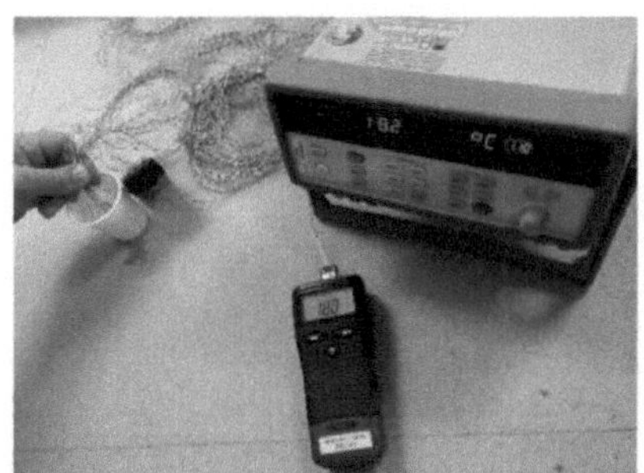

FIGURE 21 THE THERMOCOUPLES WERE CALIBRATED TO CHECK IF THEY WERE CORRECTLY CONNECTED

Como se pode observar na Figura 21, as temperaturas não são exatamente as mesmas, pois têm um erro de medição. Este registador de dados com termopares do tipo T tem um erro de +/- 1,5° C [25]. Por conseguinte, as medidas podem ser consideradas corretas.

A primeira experiência foi efectuada quando a cavidade estava totalmente isolada e, uma vez calibrados e instalados os termopares, o compressor da câmara fria foi ligado durante 2 dias, para arrefecer a câmara e estabilizar a transferência de calor através da cavidade. Assim, passados 2 dias, foram obtidos os resultados do instrumento. Uma vez calculadas as temperaturas, surgiu um contratempo, uma vez que os resultados do quadro horizontal eram muito diferentes dos esperados, porque o termopar se encontrava no quadro inferior da janela, onde a convecção do ar afectava os resultados. Para resolver este problema, os termopares do caixilho horizontal inferior foram substituídos pelo caixilho superior. Depois disso, a cavidade foi esvaziada com metade do isolamento e deixou-se que as temperaturas estabilizassem durante 10 horas. Após estas 10 horas, foram novamente recolhidos os dados dos termopares e a cavidade foi deixada completamente vazia durante mais 10 horas.

Além disso, as temperaturas da cobertura de madeira da cavidade foram medidas através de uma imagem térmica. Para obter este tipo de imagens foi utilizada uma câmara termográfica. Este tipo de câmara capta imagens da radiação infravermelha em vez da luz visível, como fazem as câmaras comuns. Por conseguinte, a fotografia tirada com a câmara termográfica mostra a temperatura da superfície. A Figura 22 mostra como a imagem da janela foi tirada com a câmara termográfica.

Estas fotografias térmicas foram tiradas para comparar as temperaturas com os resultados dos termopares, tendo em conta que, de acordo com o manual, a câmara FLIR tem uma imprecisão de ±2° C.

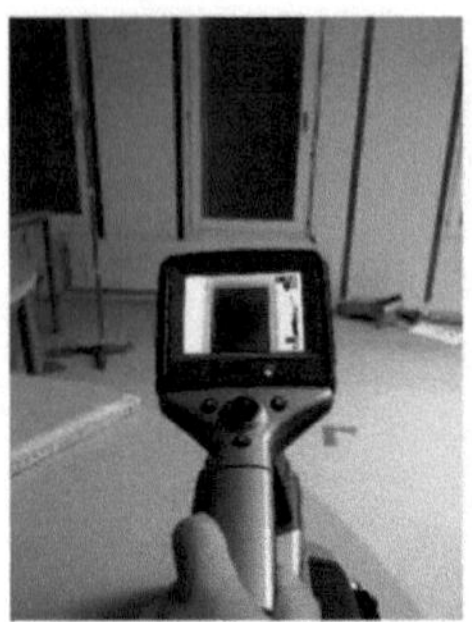

FIGURE 22 THERMOGRAPHIC CAMERA TAKING A PICTURE OF THE WINDOW

3.2 ECONOMIAS DE ENERGIA

Os cálculos das poupanças de energia são efectuados utilizando o programa IDA-ICE 4.6.2. Este programa é utilizado para simular o consumo de energia dos edifícios e é um dos mais utilizados nos países nórdicos.

O principal interesse para esta tese das simulações do IDA-ICE são as perdas de calor através das janelas e da ponte térmica, pelo que o modelo gerado do edifício é bastante simples, centrando-se apenas nas janelas e nas pontes térmicas. Por conseguinte, as pessoas, os aquecedores, o equipamento, a luz ou a ventilação não são tidos em consideração. Na simulação, o edifício seria esvaziado com um refrigerador e um aquecedor ideais que mantêm a temperatura interior global entre 21° C e 25° C [26].

Existem três soluções alternativas principais estudadas para Gavlegardarna, mas devido à falta de informação sobre o interior da cavidade no caixilho, foram efectuadas seis simulações: duas simulações para demonstrar o estado atual, uma simulação após a adição de insolação na cavidade, duas simulações após a adição de um vidro extra na janela e uma após a alteração de toda a janela.

TABELA 6 CASOS ESTUDADOS DE POUPANÇA DE ENERGIA

Número da solução	Cavidade entre a janela e a parede	Janela
Solução 0	Vazio	Janela antiga
	Meio isolado	Janela antiga
Solução 1	Totalmente isolado	Janela antiga
Solução 2	Vazio	Janela antiga + vidro extra
	Meio isolado	Janela antiga + vidro extra
Solução 3	Totalmente isolado	Janela antiga + vidro extra

Solução 4	Totalmente isolado	Nova janela

Em primeiro lugar, foi necessário obter os dados dos edifícios que a Gavlegardarna pretende remodelar. Por conseguinte, a Gavlegardarna enviou uma planta da cidade onde se pode ver como estão situados os edifícios. Esta planta pode ser consultada no "Anexo C. Desenhos do edifício". Para simplificar os cálculos, as simulações são efectuadas para um dos edifícios, neste caso o edifício número 2014-006. A poupança global de energia pode ser estimada multiplicando a poupança de energia deste edifício e o número de edifícios; tendo em conta o comprimento dos outros edifícios, o número total pode ser considerado como 14.

É suficiente modelar apenas uma janela por face do edifício em vez de modelar todas as janelas (ver Figura 23). A área desta janela modelada é a mesma da área total das janelas de cada face do edifício, mas o perímetro não seria o mesmo. Além disso, se for utilizado o mesmo valor de Ψ obtido na simulação com o Fluent, os resultados seriam incorrectos. Para resolver este problema calcula-se o Ψ-valuemodel através da equação (29), onde o Ψ-valueal é o obtido com as simulações pelo Fluent, o Preal é o perímetro total real da janela e o Pmodel é o perímetro total da janela do modelo.

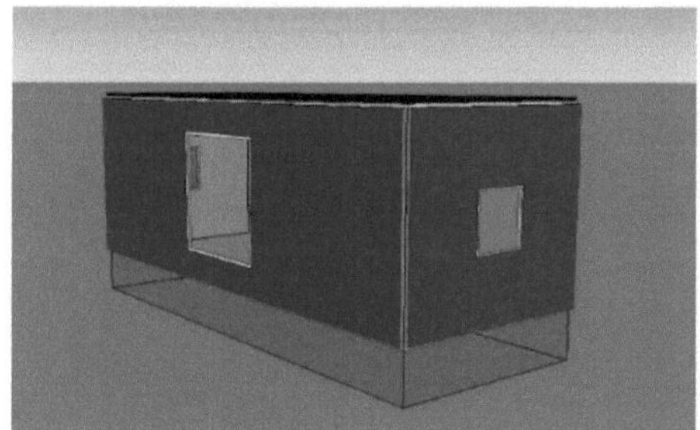

Figure 23 Model of building studied

$$\Psi_{model} = \frac{P_{real}}{P_{model}} \Psi_{real} \quad (29)$$

Com o valor U da janela, não é necessário efetuar este cálculo, uma vez que a área da janela modelada é a mesma que na realidade.

Uma vez selecionado o edifício e feita a maqueta, são medidas as dimensões do edifício; a área do piso e a altura do edifício e a área total e o perímetro total de todas as janelas de cada lado do edifício. Os desenhos que a Gavlegardarna forneceu foram utilizados para medir este parâmetro. Encontram-se igualmente em anexo no "Apêndice C. Desenhos do edifício" e as dimensões medidas do edifício 2014-006 constam do Quadro 7 e do Quadro 8.

Quadro 7 Dimensões do edifício

	Dimensão	Unidades
Área do piso	315	m^2
Altura do edifício	10	m

Quadro 8 Dimensões das janelas consoante a face do edifício

		Dimensão	Unidade
Face nordeste	Área	41,12	m^2
	Perímetro	163,9	m
Virado para sudoeste	Área	46,26	m^2
	Perímetro	155,12	m
Face noroeste	Área	9	m^2
	Perímetro	33,9	m
Virado para sudeste	Área	9	m^2
	Perímetro	33,9	m

O passo seguinte foi definir os materiais do edifício, as paredes são feitas de 15mm de reboco + 250mm de betão leve + 20mm de reboco [27] e o valor U das janelas depende do caso, os dados do valor U das janelas vieram de Gavlegardarna e o valor por caso é mostrado na Tabela 9.

Quadro 9 Caraterísticas das janelas

Janela	Vidro	Valor U [W/m^2 K]
Janela antiga	2 copos	2,9
Janela antiga + vidro extra	2 copos + 1 copo	1,5
Nova janela	3 copos	1,0

O último parâmetro diz respeito às temperaturas exteriores. No IDA-ICE, este parâmetro depende do clima em que o edifício se situa, que para esta tese é Gavle.

Finalmente, para executar a simulação, é selecionada uma simulação de estado dinâmico e de um ano para obter resultados mais verídicos.

3.3 Custos

Para descobrir qual seria o melhor caso para a empresa, a análise do LCC (custo do ciclo de vida) foi calculada utilizando a seguinte equação [28]

$$LCC = IC + LCC_{Energy} \qquad (30)$$

Onde o IC é o custo da inversão e o LCC_{Energy} é o custo da energia devido à poupança de energia de cada caso.

De facto, os custos de manutenção e os custos do valor residual deveriam ser adicionados a esta equação, mas não foram tidos em conta devido à falta de informação.

Custos de investimento (CI)

Dependendo da solução adoptada, há diferentes inversões. Como foi dito na introdução, as soluções são: adicionar isolamento na cavidade das janelas antigas, adicionar um vidro extra às janelas antigas, a combinação destas duas soluções e mudar todas as janelas e caixilhos. O preço real da segunda solução, adicionar um vidro extra, é dado pela Gavlegardarna, sendo o valor de 4,285 milhões de SEK para todos os edifícios. O custo de investimento das outras soluções é retirado da referência [29].

Em primeiro lugar, calcula-se o preço da primeira solução. Tendo em conta que o custo dos trabalhadores é de 192 kr/h [29], os preços em SEK por m são apresentados na Tabela 10.

TABELA 10 PREÇOS DA SOLUÇÃO 1. ACRESCENTAR ISOLAMENTO NA JUNTA [29]

Funcionamento	Material [kr/m]	Tempo [h/m]	Soma [kr/m]
Lã mineral	10,65	0,08	25,69
Moldura interior	48,00	0,14	74,32
Estrutura exterior	17,2	0,10	36,00
	Soma		136,01
	Despesas gerais		151,60
	Custos totais		287,61

Como foi referido no capítulo das poupanças de energia, o edifício estudado tem 387 m de perímetro de janela, pelo que multiplicando este comprimento por 14, que é o número de edifícios, pode calcular-se o comprimento total do perímetro das janelas. De seguida, multiplicando este valor pelos custos totais, é possível estimar o investimento para a primeira solução.

A terceira solução é uma combinação da solução 1 e da solução 2, pelo que o preço é a soma dos dois custos de investimento.

Finalmente, o preço da terceira solução é calculado da mesma forma que na primeira solução, com a área total das janelas e o perímetro total por edifício e o número de edifícios, o investimento total pode ser estimado. Os dados são também retirados de [29].

Concluindo, as estimativas dos custos de investimento são apresentadas no Quadro 11.

QUADRO 11 CUSTOS DE INVERSÃO POR CADA CASO

	Custos de investimento

	[Milhões de SEK]
Solução 1. Para adicionar isolamento aos caixilhos	1,556
Solução 2. Para adicionar um copo extra	4,285
Solução 3. Para acrescentar um vidro extra e isolamento nos caixilhos	5,841
Solução 4. Para alterar a janela inteira	9,022

É importante não esquecer a solução 0; deixar os caixilhos e as janelas como estão atualmente - sem custos de investimento.

Custos de energia ($LCCEnergy$)

A energia total utilizada nos edifícios pode ser obtida a partir do IDA-ICE. No entanto, a energia simulada em todos os edifícios a partir do IDA-ICE, não pode ser completamente verdadeira devido à falta de informação sobre o equipamento, pessoas e aquecedores, entre outros. Os dados seguros que podem ser retirados do programa são as perdas de calor das janelas e as pontes térmicas. Assim, se apenas estes dados forem tomados para comparar os resultados, os custos energéticos seriam uma comparação entre as perdas de energia de cada caso, tomando como referência o valor mais baixo. Assim, o LCC total não é o custo real, é um LCC para comparar qual dos casos é o mais barato. Para calcular o custo da energia durante o ciclo de vida de uma janela, é utilizada a seguinte equação;

$$\Delta LCC_{Energy} = \Delta E_{Energy} \cdot e_{Energy} \cdot \frac{1 - \left(\frac{1+q}{1+i}\right)^{n}}{\frac{1+i}{1+q} - 1} \quad (31)$$

Onde:

- ΔE_{Energy} é a diferença da perda anual de energia nas janelas e nas pontes térmicas.

[KWh/ano]

- e_{Energy} É o preço da energia em Gavle [kr/kWh]
- q é o aumento anual efetivo do preço da energia [%]
- i é a taxa de atualização [%]

O edifício utiliza o aquecimento urbano para ser aquecido e esta energia provém da Gavle Energi AB. O preço é de 0,737 kr/kWh e o aumento real anual do preço da energia é de 2,4% [30]. O preço anual real da energia não é um valor estável, uma vez que varia todos os anos, pelo que será efectuada uma análise de sensibilidade para saber como o CCV se alteraria em função deste parâmetro. De acordo com as variações dos últimos anos, o intervalo seria de -0,5% a 3,5% [30].

As actuais orientações da Comissão Europeia para a avaliação de impacto de 2009 sugerem uma taxa de desconto, excluindo a inflação, de 4%[31]. [31] Além disso, é efectuado um estudo sensato com este parâmetro. Uma taxa de desconto mais elevada reflectirá uma abordagem puramente comercial e de curto prazo para a avaliação do investimento. Por outro lado, uma taxa mais baixa, normalmente entre 2% e 4%, excluindo a inflação, reflectirá melhor os benefícios que os investimentos em eficiência energética trazem aos ocupantes dos edifícios durante todo o período de vida do investimento [31]. Por conseguinte, será também estudada uma análise sensata da taxa de desconto, que será de 2%, 4% e 8%.

Resultados

Uma vez explicado o método utilizado para calcular as pontes térmicas, as poupanças de energia e os custos dos diferentes casos, os resultados serão apresentados neste capítulo.

4.1 Ponte térmica

Como explicado no capítulo anterior, a ponte térmica foi calculada utilizando as simulações e o principal resultado retirado das simulações é o fluxo de calor da superfície do caixilho da janela. Para além disso, este capítulo apresenta as temperaturas para comparar com as medições e para saber se as simulações são semelhantes à realidade. No último subcapítulo, são revelados os resultados das pontes térmicas. Para além disso, as imagens dos resultados e os gráficos calculados pelo Fluent encontram-se no "Apêndice A. Resultados do Fluent" e "Apêndice B. Imagens termográficas".

4.1.1 Fluxo de calor

A transferência de calor total de cada caso é apresentada na Tabela 12. Os resultados dos casos 3D foram divididos pelo comprimento do pórtico para obter as mesmas unidades dos estudos 2D, pelo que a transferência de calor é representada em W/m.

Tabela 12 Transferência de calor por ponte térmica caso estudado

Casos		Taxa de transferência de calor [W/m]
Referência		7,847
Cheio de isolamento		9,485
Horizontal	Isolamento do ar	9,582
	Cheio de ar	9,874
Vertical	Isolamento do ar	12,923
	Cheio de ar	13,693

4.1.3 Temperaturas

As temperaturas dos dois métodos utilizados para efetuar as medidas e as simulações são apresentadas na Tabela 13. As imagens termográficas e os resultados das simulações encontram-se no Apêndice A e no Apêndice B.

Existem dez pontos estudados; quatro no exterior (1 a 4), quatro no interior (5 a 8) e o número 9 para a temperatura interior e o número 10 para a câmara fria. Na Figura 24 é mostrada uma imagem da janela com os pontos estudados, a vermelho os pontos estão no lado interior da janela e a azul no lado da câmara fria.

Tal como referido no capítulo Método, os pontos 4 e 8 no caso de isolamento total encontram-se no pórtico inferior e nos outros casos no superior.

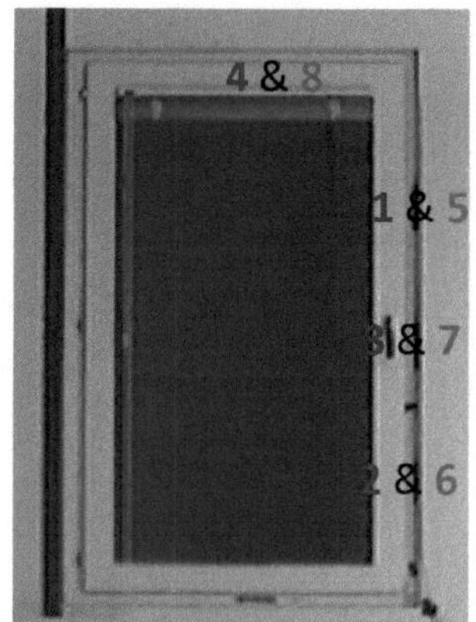

FIGURE 24 PICTURE OF THE WINDOW WITH THE STUDIED POINTS

QUADRO 13 TEMPERATURA DO COBERTO VEGETAL À SUPERFÍCIE DAS MEDIÇÕES E SIMULAÇÕES

Ponto	Totalmente isolado			Meio isolado			Vazio		
	Termopares	Câmara térmica	Simulações	Termopares	Câmara térmica	Simulações	Termopares	Câmara térmica	Simulações
1	-5,1	-	-7,51	-5,1	-	-7,13	-4,6	-	-6,54
2	-5,8	-	-7,51	-5,7	-	-7,32	-5,1	-	-6,59
3	-6,4	-	-7,51	-6,6	-	-7,35	-5,9	-	-6,81
4	-6,8	-	-7,51	-4	-	-7,1	-3,4	-	-6,1
5	15,7	15,6	14,47	15,6	15,9	15,78	15,1	15,7	14,05
6	16,6	16,7	14,47	16,3	15,9	15,75	14,2	13,8	13,98
7	15,4	15,4	14,47	14,9	15,3	15,5	13,3	13,1	13,71
8	13,4	12,9	14,47	16,1	16,4	16,07	15,4	15,8	14,56
9	20	20	20	20	20	20	19,3	19,3	20
10	-10	-10	-10	-10	-10	-10	-10,6	-10,6	-10

Além disso, para comparar os resultados, os dados são processados para obter dados adimensionais, sendo que quanto maior for o valor, mais quente é a superfície, os resultados são apresentados no Quadro 14.

TABELA 14. TEMPERATURA DO COBERTO VEGETAL À SUPERFÍCIE DAS MEDIÇÕES E DA SIMULAÇÃO COM VALORES ADIMENSIONAIS

Ponto	Totalmente isolado			Meio isolado			Vazio		
	Termopares	Câmara térmica	Simulações	Termopares	Câmara térmica	Simulações	Termopares	Câmara térmica	Simulações
1	0,163	-	0,083	0,163	-	0,096	0,201	-	0,115
2	0,140	-	0,083	0,143	-	0,089	0,184	-	0,114
3	0,120	-	0,083	0,113	-	0,088	0,157	-	0,106

4	0,107	-	0,083	0,200	-	0,097	0,241	-	0,130
5	0,857	0,853	0,816	0,853	0,863	0,859	0,860	0,880	0,802
6	0,887	0,890	0,816	0,877	0,863	0,858	0,829	0,816	0,799
7	0,847	0,847	0,816	0,830	0,843	0,850	0,799	0,793	0,790
8	0,780	0,763	0,816	0,870	0,880	0,869	0,870	0,883	0,819
9	1	1	1	1	1	1	1	1	1
10	0	0	0	0	0	0	0	0	0

4.1.4 Ψ-VALUE

Uma vez calculada a transferência de calor, utilizando a equação (16), o valor de Ψ pode ser calculado.

Os resultados são apresentados no Quadro 15.

QUADRO 15 Ψ-VALUE DO CASO DAS PONTES TÉRMICAS

Casos		Valor Ψ [W/Km]
Cheio de isolamento		0,0546
Horizontal	Isolamento do ar	0,0578
	Cheio de ar	0,0676
Vertical	Isolamento do ar	0,1692
	Cheio de ar	0,1949

Além disso, para obter um único valor Ψ para cada caso, é utilizada a equação (29). Os resultados são apresentados na Tabela 16.

QUADRO 16 Ψ-VALUE TOTAL

Casos	Valor de Ψ [W/Km]
Cheio de isolamento	0,0546
Isolamento do ar	0,1274
Cheio de ar	0,1471

4.2 POUPANÇA DE ENERGIA

A transferência de calor das pontes térmicas e das janelas depende do clima de Gavle. Na Figura 25 e na Figura 26 pode observar-se a transferência de calor das janelas e das pontes térmicas por mês em função do isolamento da cavidade e do valor U das janelas.

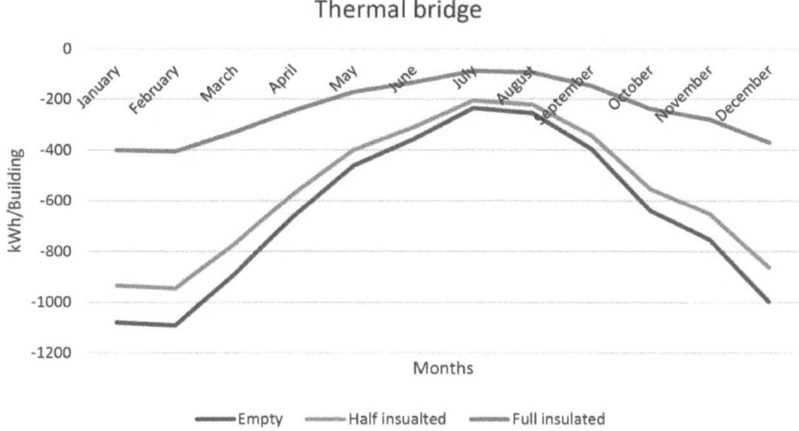

Figure 25 PERDAS DE CALOR DA PONTE TÉRMICA EM FUNÇÃO DO MÊS E DO ISOLAMENTO DO EDIFÍCIO **2014-006**

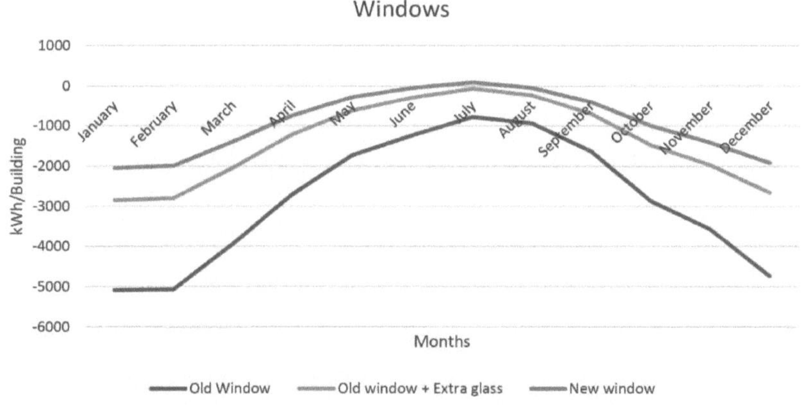

Figure 26 FIGURA **26** PERDAS DE CALOR DAS JANELAS EM FUNÇÃO DO MÊS E DOS DIFERENTES TIPOS DE JANELAS PARA O EDIFÍCIO **2014-006**

Para além disso, a Figura 27 mostra as perdas totais de calor de cada caso. Para recordar os casos estudados, estes são explicados na Tabela 17

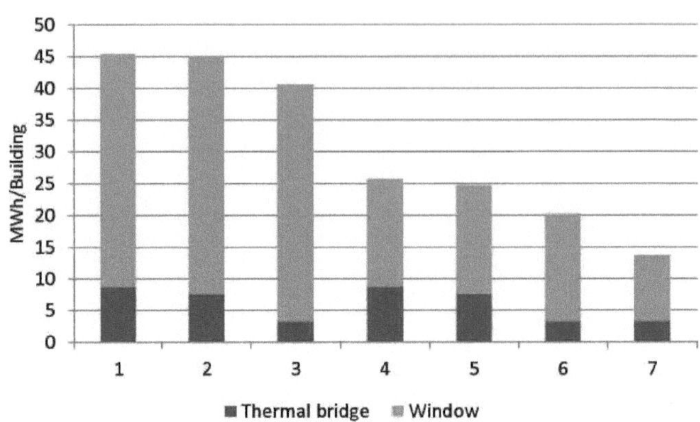

FIGURA 27 TRANSFERÊNCIA TOTAL DE CALOR POR CASO ESTUDADO PARA TODOS OS EDIFÍCIOS

QUADRO 17 CASOS DE POUPANÇA DE ENERGIA ESTUDADOS

Soluções	Número	Cavidade entre a janela e a parede	Janela
Solução 0	1	Vazio	Janela antiga
	2	Meio isolado	Janela antiga
Solução 1	3	Totalmente isolado	Janela antiga
Solução 2	4	Vazio	Janela antiga + vidro extra
	5	Meio isolado	Janela antiga + vidro extra
Solução 3	6	Totalmente isolado	Janela antiga + vidro extra
Solução 4	7	Totalmente isolado	Nova janela

4.3 CUSTOS

Uma vez determinadas as perdas totais de calor, podem ser calculados os custos de cada solução. Os custos são calculados apenas se a junção entre a janela e a parede no caso inicial estiver completamente vazia, porque as cavidades vazias e semi-isoladas têm perdas de calor bastante semelhantes, como mostra a Figura 28 nos casos 1-2 e 4-5. Como explicado no capítulo Método, os custos de LCC são retirados da diferença entre as soluções e as perdas térmicas mais baixas, o caso número 7. Para além disso, um estudo sensato da taxa de desconto é mostrado na Figura 29 e um estudo sensato do preço da energia é calculado na Figura 30

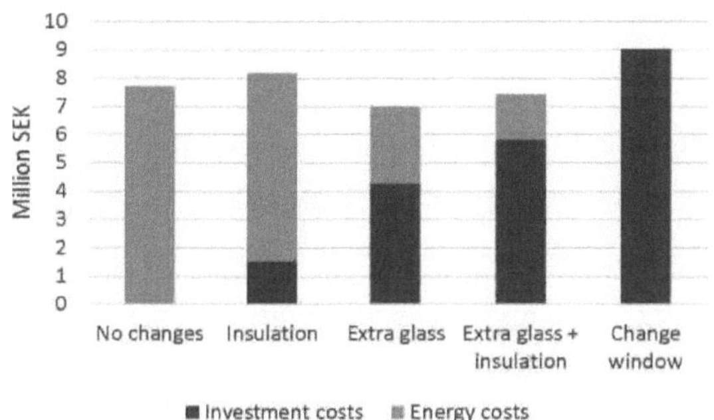

FIGURA 28: CCL TOTAL DAS QUATRO SOLUÇÕES

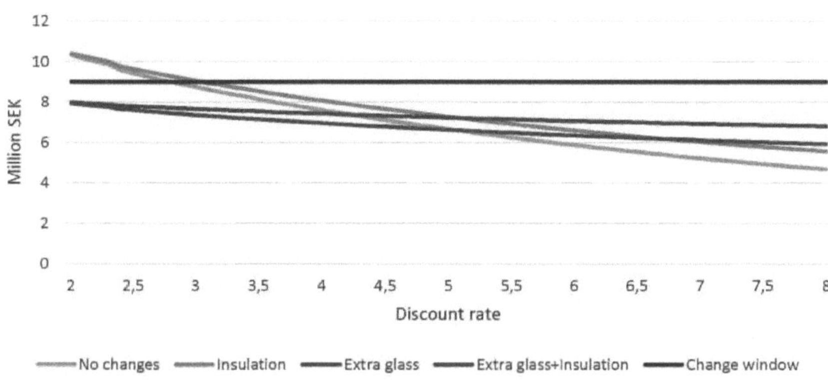

FIGURA 29 ESTUDO SENSATO DA TAXA DE DESCONTO COM 2,4% NA TAXA DE PREÇO DA ENERGIA

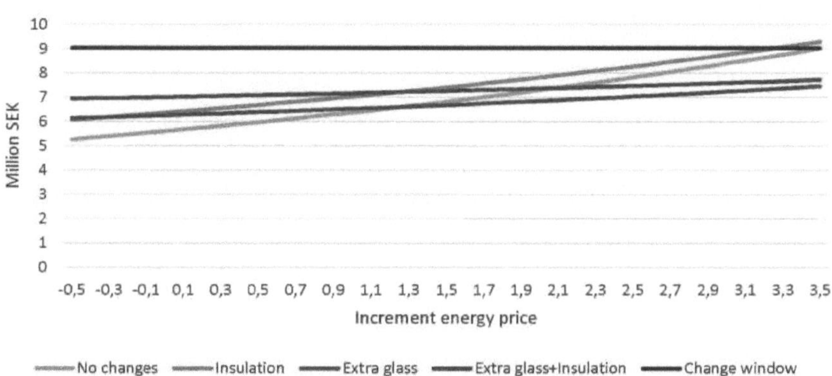

FIGURA 30 ESTUDO SENSATO DO PREÇO DA ENERGIA COM 4% DE TAXA DE DESCONTO

Discussão

Uma vez apresentados os resultados, alguns deles devem ser discutidos. Em primeiro lugar, são discutidos os resultados sobre a correlação entre as medições e a simulação, além da coerência ou não dos fluxos de calor e do valor de Ψ. Em segundo lugar, são discutidos os resultados da poupança de energia e o modelo simples efectuado. Por fim, e o mais importante para a empresa, será comentado o LCC, comparando os resultados com a hipótese feita na introdução e como as taxas influenciam a opção mais barata.

Comparações de medições e simulações da ponte térmica.

No que diz respeito à correlação entre as medições e as simulações, se se observar a Tabela 14, não são exatamente as mesmas porque nas simulações se assume o mesmo valor de condutividade térmica para toda a madeira. Este parâmetro varia consoante o tipo de madeira e o teor de humidade da madeira. De acordo com a base de dados do Fluent, a condutividade térmica da madeira é de 0,17 W/m·K, mas este valor é para madeira de alta densidade como o carvalho. No entanto, no laboratório de Gavle, onde foram efectuadas as medições, o parâmetro seria mais baixo e diferente entre as coberturas, a janela ou a parede, com um valor que normalmente é fixado em 0,14 W/m·K. Além disso, na simulação, algumas superfícies são assumidas como adiabáticas, quando no caso real estão a contribuir para a transferência de calor. A radiação fora da cavidade não foi levada em consideração, quando no laboratório as luzes estavam acesas e, mesmo tentando mover todos os corpos para perto da janela, havia outras coisas que contribuíam para a radiação da superfície. Além disso, também uma das razões para efetuar as medições no laboratório foi evitar o vento que se faria sentir se as medidas fossem efectuadas nas janelas dos edifícios. De qualquer modo, a câmara fria era pequena e tinha duas grandes ventoinhas que faziam com que a convecção do ar da câmara fosse maior do que a da simulação. Além disso, na última experiência, em que a cavidade estava vazia, verificou-se que a estrutura tinha uma fuga de ar da câmara fria para a câmara quente - este problema foi resolvido com fita adesiva nesta experiência, mas não nas outras. Além disso, não é certo que as construções tenham atingido condições de estado estacionário entre as medições e as alterações no isolamento. O tempo apertado deveu-se a outras experiências que exigiam o acesso à instalação experimental. No entanto, devido ao facto de a construção ser muito fina e de a única alteração ter sido o material de isolamento (peso leve), considerou-se que 10 horas era tempo suficiente para atingir temperaturas estáveis. Observou-se também que a temperatura na câmara fria podia variar cerca de ±1° C devido ao funcionamento das unidades de refrigeração.

Com todas estas razões e a precisão dos termopares e da câmara termográfica, os resultados das simulações podem ser considerados aceitáveis. Para além disso, a comparação mais importante é observar se quando a cavidade está mais insultada a condução de calor é menor, tornando as temperaturas no interior mais quentes e no exterior mais frias. Se a Tabela 13 for observada, esta hipótese pode ser afirmada, apoiando que os resultados das simulações estão corretos.

Uma vez visto que as simulações podem ser consideradas aceitáveis, discute-se o valor de Ψ. Observando a Tabela 16 e comparando o valor de Ψ desta tese com os do artigo [32], os valores de Ψ calculados são inferiores à média, mas dentro dos valores possíveis, os resultados podem ser aceites porque a ponte térmica em caixilharia de madeira é inferior à de outros materiais, como por exemplo, o alumínio. Para além disso, uma vez que existem dois valores de Ψ (um para a caixilharia horizontal e outro para a vertical), o valor de χ (ponte térmica em 3-D pontos) dos cantos não é tido em conta, sendo provavelmente, devido à geometria, um dos pontos com mais perdas de calor. Para além disso, como era de esperar, os valores de Ψ são mais elevados com menos isolamento no caixilho. Estas alterações não são necessariamente lineares. [33]

Simulações energéticas

Relativamente às poupanças de energia, os resultados não podem ser exatamente iguais à realidade porque o estudo é feito apenas com um edifício e depois os resultados foram extrapolados para os outros edifícios na área. No entanto, a poupança de energia pode ser considerada uma aproximação correta de um modelo com todos os edifícios porque os edifícios estão na mesma direção ou inclinados 45°, fazendo com que as faces estejam na mesma direção. Além disso, o modelo feito no IDA-ICE foi um modelo simplificado, modelando uma janela por face para não perder o importante parâmetro da direção da face, uma vez que nos países nórdicos é realmente importante, pois o sol no inverno nasce e põe-se apenas no sudeste e sudoeste, respetivamente.

Além disso, se observarmos a Figura 27, as perdas de energia são coerentes; quanto mais isolada (baixo valor U e valor Ψ), menos energia é transmitida. No entanto, os resultados dos casos 4 e 5 devem ser salientados, uma vez que a ponte térmica representa um terço das perdas de energia da janela, tornando as perdas da ponte térmica um parâmetro importante a ser reduzido.

Cálculos LCC

Os custos LCC não são exatamente os custos reais, uma vez que os resultados são calculados com a diferença das perdas de calor através da janela e do caixilho, em vez do consumo real de energia dos edifícios. No entanto, os resultados são utilizados para saber qual a solução mais económica. A hipótese apresentada na secção de introdução (Figura 1) sobre o CCV das soluções estava correta se comparada com os resultados (Figura 30); a solução 1 tem menos CI mas mais CCVenergia e a solução 4, por outro lado, tem mais investimento mas menos custos energéticos.

Uma vez verificado que as hipóteses previstas estavam corretas, discute-se qual das 4 soluções é a opção mais barata para a empresa. De acordo com o presente estudo, a opção mais económica para a Gavlegardarna, com uma taxa de desconto de 4%, que é a mais habitual numa empresa, e um aumento de preço de 2,4%, que é o registado entre 2013 e 2014, é a solução 2; acrescentar um vidro extra às janelas. No entanto, dependendo das taxas, a solução mais económica mudaria. Nesta solução, as poupanças das pontes térmicas não são importantes, o que é um resultado razoável, uma vez que a energia das pontes térmicas que compensa as janelas constitui cerca de 2-8% da carga térmica total [33].

Se a empresa não tiver a certeza de renovar as janelas, e com uma taxa de desconto elevada, superior a 5%, a opção mais razoável seria não alterar nada, embora o consumo de energia fosse mais elevado e a opção mais poluída. Estes resultados podem ser considerados corretos, uma vez que outro estudo [34] afirma que apenas 17% (1 edifício em 11) da mudança das janelas seria rentável, tornando outras medidas mais importantes. No entanto, os edifícios foram construídos em 1952, pelo que precisam de ser renovados devido ao seu envelhecimento. Por conseguinte, se a Gavlegardarna quiser investir numa das opções e quiser aumentar para 7% a taxa de desconto, ou seja, se quiser obter um retorno a curto prazo, a melhor opção seria a solução 1, que consiste apenas no isolamento das caixilharias. Esta opção tem um custo de investimento barato e, por conseguinte, é a solução de menor risco, embora seja a menos ecológica, pois tem um valor mais elevado de utilização de energia.

Por outro lado, se a Gavlegardarna quiser arriscar mais e ter um retorno mais longo e uma solução mais ecológica, com uma taxa de desconto de 2%, a melhor opção seria duas soluções; a número 2 novamente e a solução 3; acrescentando um vidro extra e isolamento. A solução 4; mudar todas as janelas, permanece fora das soluções óptimas, uma vez que é a solução com mais poupanças de energia mas com os custos de investimento mais elevados. Não é mostrado nos resultados, mas seguindo a tendência das curvas no estudo sensível da taxa de desconto, esta solução seria económica com cerca de 1% da taxa de desconto, um investimento de lucro muito baixo para a empresa.

Outro parâmetro importante a ter em conta é o preço da energia de aquecimento urbano em Gavle. Para a análise, foi considerado um aumento de 2,4%, uma vez que é a taxa atual. No entanto, o preço pode aumentar ou diminuir, pelo que, dependendo do valor, a opção mais económica pode mudar. Se houver uma diminuição desta taxa, ou seja, valores negativos, a opção óptima seria deixar as janelas como estão agora. No entanto, a necessidade de mudar as janelas devido ao envelhecimento é a melhor opção, mesmo que o preço do incremento do preço da energia varie entre -0,5% e 3,5%, seria também a solução 2.

Conclusão

O principal objetivo desta tese é recomendar à Gavlegardarna a renovação do edifício em Sorby, acrescentando um vidro suplementar, sendo esta solução a mais barata, mas não a mais ecológica. Se a empresa quiser correr um pouco mais de risco, mas adotar uma solução mais ecológica, a recomendação seria acrescentar um vidro suplementar e isolar todas as juntas nas cavidades à volta dos caixilhos.

Para além disso, outra conclusão é salientar a importância de ter em conta as pontes térmicas e de isolar bem a junta entre a janela e a parede. Quando as empresas ou o pessoal pensam em mudar alguma janela, estão sempre a pensar no valor U sem dar importância à junta. Apesar de a solução mais económica não ser isolar as juntas à volta dos caixilhos, se os caixilhos fossem isolados, as perdas de energia diminuiriam e seriam mais amigas do ambiente.

Referências

[1] Comissão Europeia, "EU acction against climate challange", 26 de maio de 2015. [Em linha]. Disponível: http://ec.europa.eu/clima/index_en.htm.

[2] Agência sueca da energia, "Energy in Sweden 2012", Arkitektkopia AB, 2013.

[3] A. Gasparella, F. Pernigotto, P. Cappelletti, P. Romagnoni, e P. Baggio, "Analysis and modeling of window and glazing systems energy performance for a well insulated residential building," *Energy and Buildings,* vol. 43, pp. 1030-1037, 2011.

[4] J. Karlsson e A. Roos, "Annual energy window performance vs. glazing thermal emittance-the relevance of very emittance values," *Thin Solid Films,* vol. 392, pp. 345-348, 2001.

[5] T. Gao, B. P. Jell, T. Ihara e A. Gustavsen, "Insulating glazing units with silica aerogel granules: the impact of particle size," *Applied Energy,* vol. 128, pp. 27-34, 2014.

[6] A. Gustavsen, D. Arasteh, B. P. Jelle, C. Curcija e C. Kohler, "Developing low-conductance window frames: Capabilities and limitations of current window heat transfer design tools," *Journal of Building Physics,* vol. 32, pp. 131-153, 2008.

[7] Gavlegardarna , "CSR Report 2013-a report on sustainability," EURHO-GR, Gavle, 2013.

[8] "Adjufix," [Online]. Disponível: http://www.adjufix.se/. [Acedido em 11 06 2015].

[9] J. Holman, Heat transfer (Transferência de calor), Nova Iorque: McGraw-Hill Companies, 2010.

[10] A. F. Mills, Transferência de Calor, EEUU, 1992.

[11] R. Siegel e J. R. Howell, Thermal Radiatio Heat Transfer, Nova Iorque, EUA: Taylor & Francis Group, 2002.

[12] B. Berggren e M. Wall, "Calculation of thermal bridges in (Nordic) building envelopes - Risk of performance failure due to inconsistent use of methodology," *Energy and Buildings,* vol. 65, pp. 331-339, outubro de 2013.

[13] Boverket, "Boverket, Handbok for energihushallning enligt Boverkets byggregler," Vastra Aros AB, Karlskrona, 2012.

[14] EN ISO 10211:2007, *Brigadas térmicas na construção de edifícios - fluxos de calor e temperaturas de superfície - cálculos detalhados,* 2012.

[15] C. U. o. Tecnologia, Teknisk termodynamik, Goteborg, Suécia, 200.

[16] F. M. White, Viscous Fluid Flow, Estados Unidos: McGraw-Hill Inc, 1992.

[17] C. Balaji e S. Venkateshan, "Correaltions for free convection and surface radiation is a square cavity," *International Journal of Heat and Fluid Flow,* vol. 15, pp. 249-251, junho de 1994.

[18] A. Baïri, "Correaltion for transient nautural convection in parallelogrammic enclosures with isothermal hot wall," *Applied Thermal Engineering,* vol. 51, pp. 833-838, 2013.

[19] O. Aydin e L. Guessous, "Fundamental correlations for laminar and turbulent free convection from a uniformly heated vertical plate," *International Journal of Heat and Mass Transfer,* vol. 44, pp. 4605-4611, 2001.

[20] F. Aguilar, J. Solano e P. Vicente, "Transient modeling of high-inertial thermal briges in buildings using the equivalent thermal wall method," *Applied thermal engineering,* vol. 67, pp. 370-377, junho de 2014.

[21] B. Moshfegh e R. Nyiredy, "Comparing RANS Models for Flow and Thermal Analysis of Pin Fin Heat Sinks," na *15ª Conferência Australiana de Mecânica dos Fluidos*, Sydney, 2014.

[22] P. A. Libby, Introduction to Turbulence, Nova Iorque: Combustion: an internation series, 1989.

[23] R. E. Bentley, "The use of elemental thermocouples in high-temperature precision thermometry", *Measurament,* vol. 23, pp. 35-46, 1998.

[24] Universidade de Cambridge. Departamento de Ciência dos Materiais e Metalurgia, "Thermoelectric materials for thermocouple," Michele Scervini, 31 de agosto de 2009. [Online]. Disponível: http://www.msm.cam.ac.uk/utc/thermocouple/pages/ThermocouplesOperatingPrinciples.html. [Acedido em 1 de junho de 2015].

[25] Agileny Technologies, inc, *Manual Agilent 34970A Data Acquisition/Switch Unit Family,* EUA, 4 de outubro de 2012.

[26] SVEBY, "Brukarindata for energiberakningar i bostader," Sverbyprogrammet Projektrapport, Estocolmo, 2009-04-14.

[27] C. Bjork, P. Kallstenius e L. Reppen, "Lamellhus, gasbetong", em *Sà byggdes husen 1880-2000,* Estocolmo, Forskningsradet Formas, 2002, pp. 84-85.

[28] Byggherrarna Sverige AB, "Belock," 24 08 2011. [Em linha]. Disponível: http://belok.se/verktyg- hjalp/lcc/lcc-kalkylator/. [Acedido em 09 06 2015].

[29] Sektionsfakta, cálculos de construção Wikells, 2015.

[30] Nils Holgersson Gruppen, 18 03 2014. [Em linha]. Disponível: http://www.nilsholgersson.nu/rapporter/aktuell-rapport/undersoekning-2014/fjaerrvaerme/kommunvis-pris/. [Acedido em 08 06 2015].

[31] Comissão Europeia, "Orientações que acompanham o Regulamento Delegado (UE) n.º 244/2012 da Comissão, de 16 de janeiro de 2012", *Jornal Oficial da União Europeia,* vol. 55, 19 de abril de 2012.

[32] E. Abdullatif e Ben-Nijhi, "Minimizing thermal bridging through window systems in building of hot regions," *Applied Thermal Engineering,* vol. 22, pp. 989-998, 2002.

[33] M. Ibrahim, P. H. Biwole, E. Wurts e P. Achard, "Limiting windows offset thermal bridge losses using a new insulating coating," *Applied Energy,* vol. 123, pp. 220-231, 2014.

[34] L. Liu, B. Moshfegh, J. Akander e J. Cehlin, "Comprehensice investigation on energy retrofits in eleven multi-family buildings in Sweden," *Energy and Buildings,* vol. 84, pp. 704-715, 2014.

[35] Viivilla, Publicações Bonnier, [Em linha]. Disponível: http://www.viivilla.se/gor-det-sjalv/fonster-- dorrar-1/fonsterbyte/. [Acedido em 11 06 2015].

[36] "Atema," Drivs av PrestaShop, [Online]. Disponível: http://byggtema.com/shop/bottningslist/190- bottningslist-6-mm-750-m-per-kartong.html. [Acedido em 11 06 2015].

Apêndices

Appendix A. RESULTADOS FLUENTES

Neste apêndice podem ser encontrados todos os resultados do Fluent nos diferentes casos: Referência, Isolado, meio isolado horizontal, vazio horizontal, meio isolado vertical e vazio vertical.

Caso de referência

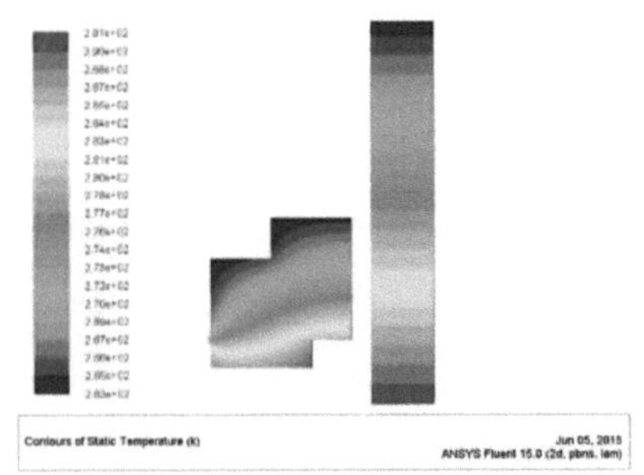

FIGURE 31 REFERENCE CASE. TEMPERATURES

Caixa isolada

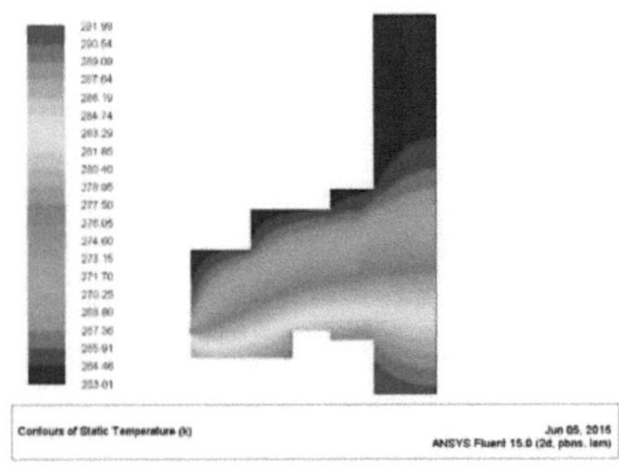

FIGURE 32 FULL INSULATION CASE. TEMPERATURES

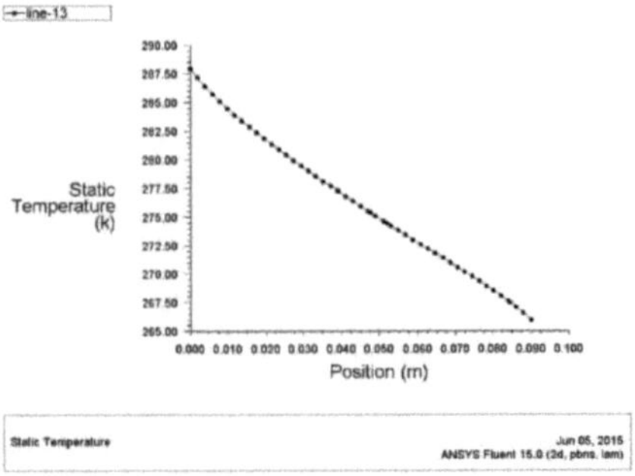

FIGURE 33 FULL INSULATION. TEMPERATURE PLOT

Caixa horizontal com meio isolamento

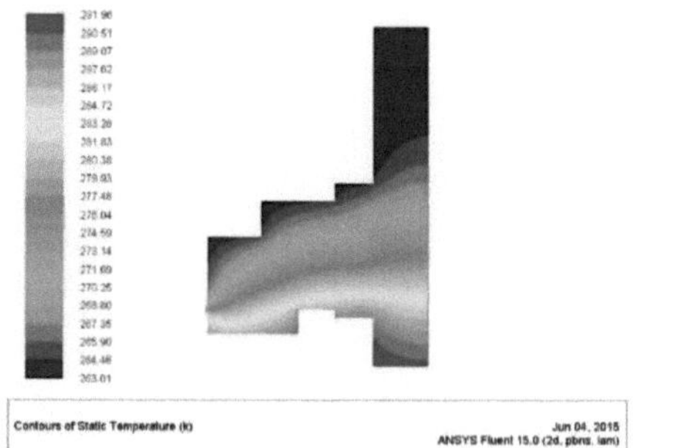

Figure 34 horizontal half insulated case. Temperatures

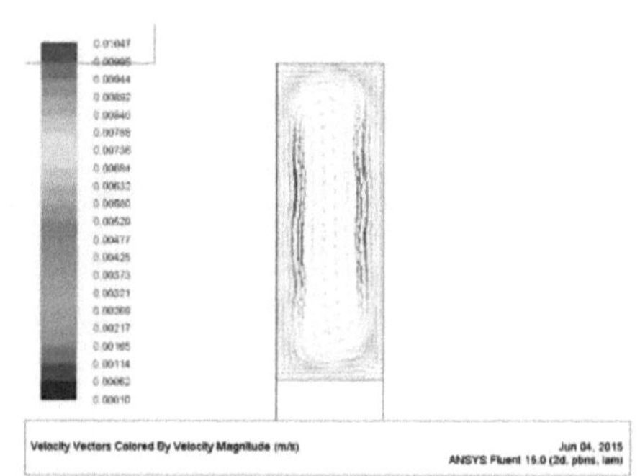

Figure 35 horizontal half insulated case. velocities

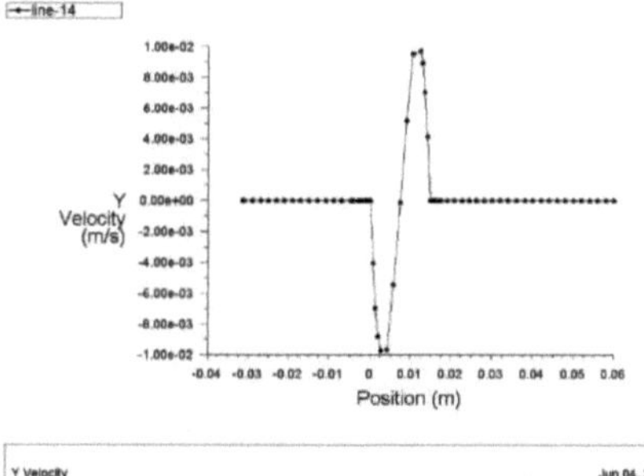

Figure 36 horizontal half insulated case. velocities plot

Caixa vazia horizontal

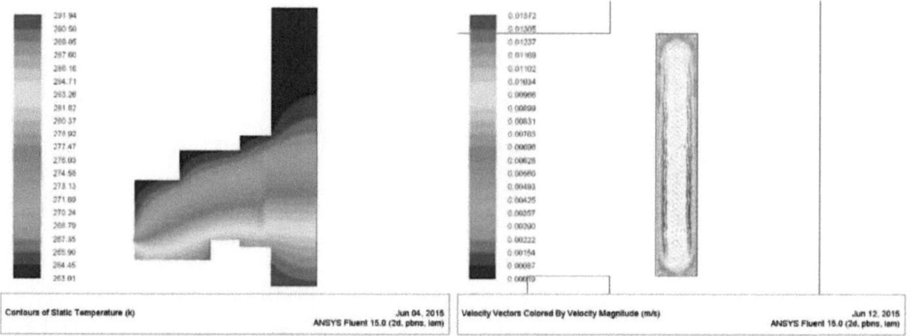

Figure 37 Horizontal empty case. Temperatures

Figure 38 Horizontal empty case. Velocities

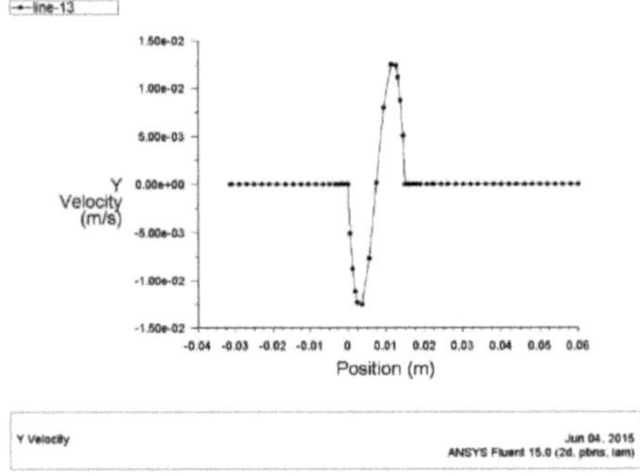

Figure 39 Horizontal empty case. Velocities plot

Caixa vertical com meio isolamento

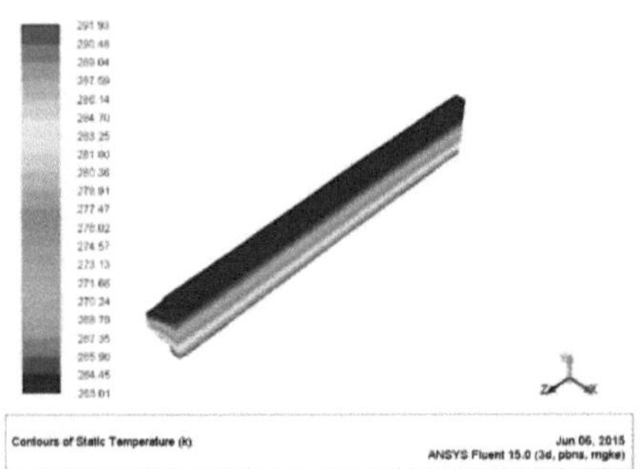

Figure 40 Vertical half insulated case. Temperatures 1

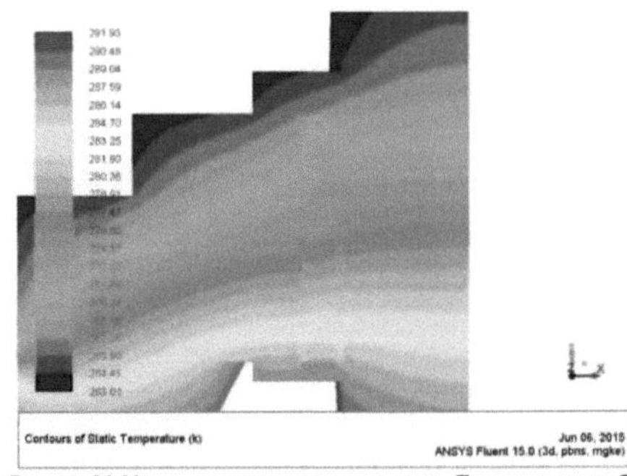

Figure 41 Vertical half insulated case. Temperatures 2

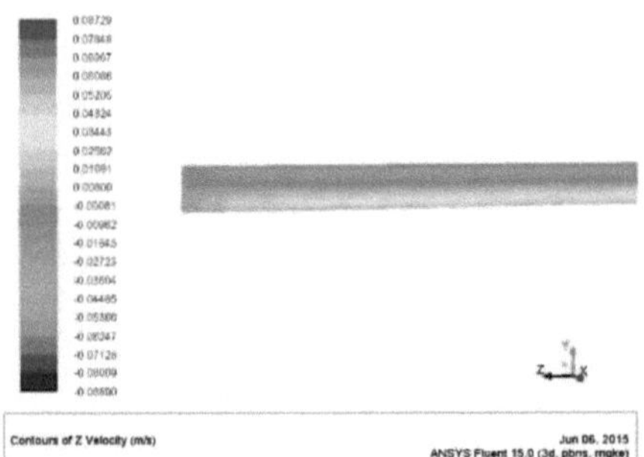

Figure 42 Vertical half insulated case. Velocity Z

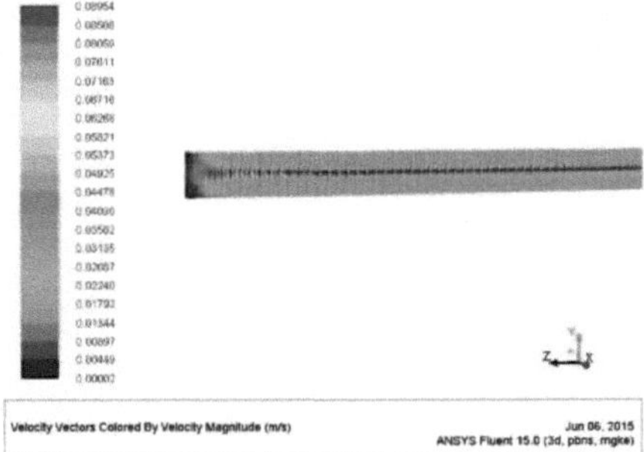

Figure 43 Vertical half insulated case. Velocity 1

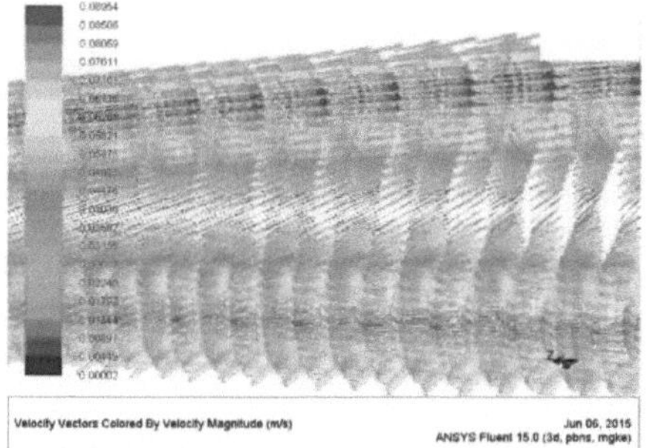

FIGURE 44VERTICAL HALF INSULATED CASE. VELOCITY 2

Appendix B. IMAGENS TERMOGRÁFICAS

Neste apêndice, as imagens termográficas utilizadas nas medições são apresentadas em três subcapítulos: caixa isolada, meia isolada e vazia.

Caixa isolada

FIGURA 51 FOTOGRAFIA TERMOGRÁFICA DA CAIXA ISOLADA

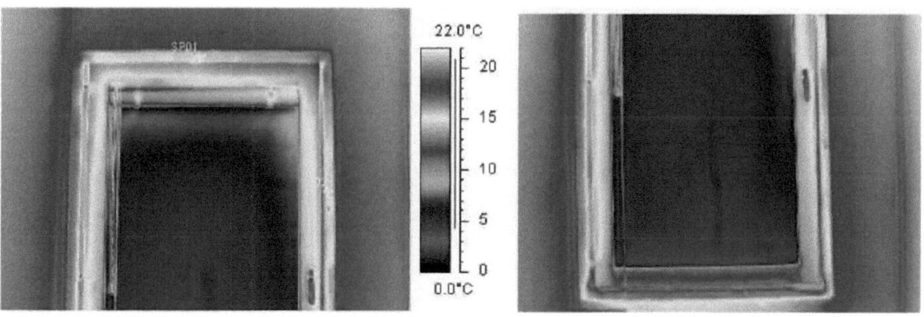

FIGURA 52 FOTOGRAFIA TERMOGRÁFICA DA CAIXA ISOLADA. IMAGEM DA ESQUERDA NA PARTE SUPERIOR DA JANELA, IMAGEM DA DIREITA NA PARTE INFERIOR

DA JANELA

Caixa meio isolada

FIGURA 53 FOTOGRAFIA TERMOGRÁFICA DE MEIA CAIXA ISOLADA

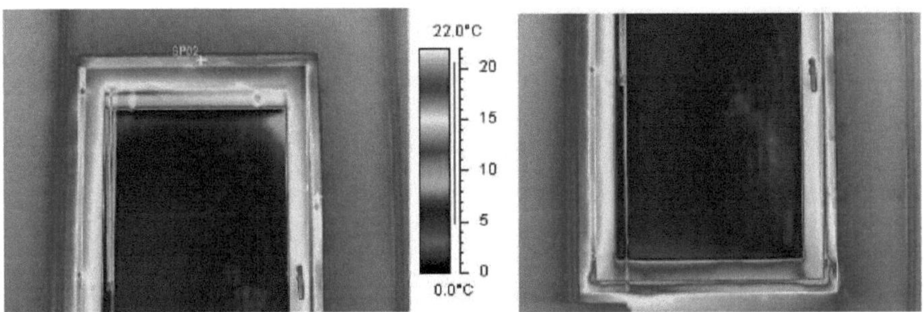

FIGURA 54 FOTOGRAFIA TERMOGRÁFICA DE MEIA CAIXA ISOLADA. IMAGEM DA ESQUERDA NA PARTE SUPERIOR DA JANELA, IMAGEM DA DIREITA NA PARTE INFERIOR DA JANELA

Caixa vazia

FIGURA 55 FOTOGRAFIA TERMOGRÁFICA DA CAIXA VAZIA

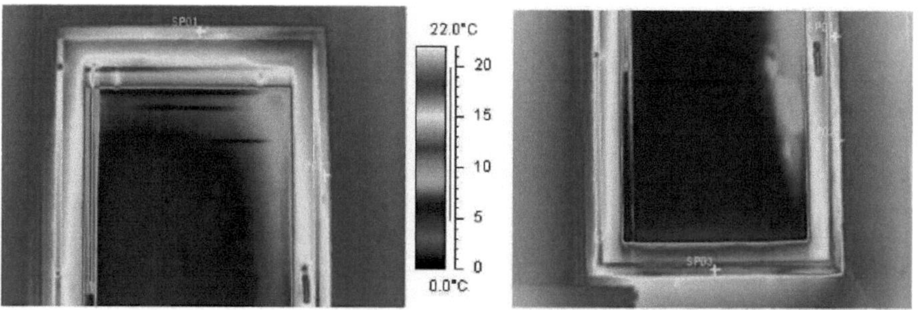

FIGURA 56 FOTOGRAFIA TERMOGRÁFICA DA CAIXA VAZIA. IMAGEM DA ESQUERDA NA PARTE SUPERIOR DA JANELA, IMAGEM DA DIREITA NA PARTE INFERIOR DA JANELA

APÊNDICE C. DESENHOS DO EDIFÍCIO

FÖRKLARINGAR
J&W
AB Gavlegårdarna, Gävle
KV ELDRÖRET M FL
FASADRENOVERING
2 520 007
16

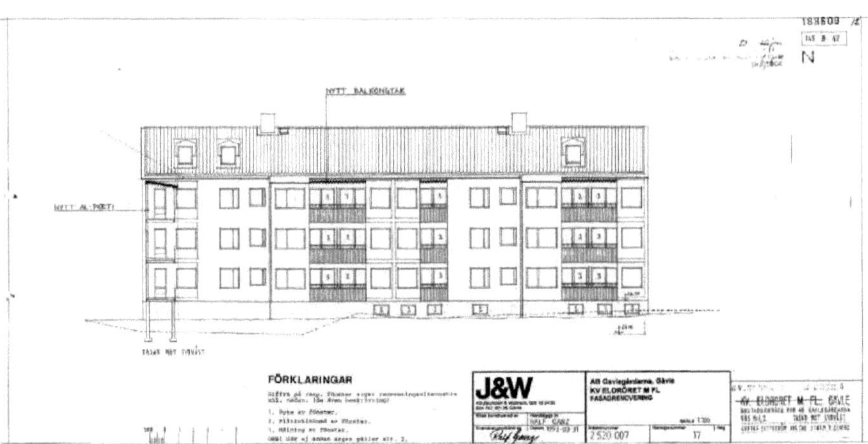
NYTT BALKONGTAK
FÖRKLARINGAR
J&W
AB Gavlegårdarna, Gävle
KV ELDRÖRET M FL
FASADRENOVERING
2 520 007
17

FÖRKLARINGAR
J&W

Printed by Books on Demand GmbH, Norderstedt / Germany